ARITHMÉTIQUE

DES ÉCOLES PRIMAIRES,

EN VINGT-DEUX LEÇONS,

RENFERMANT TOUT CE QU'IL EST INDISPENSABLE DE CONNAÎTRE POUR NOS RELATIONS SOCIALES ;

PAR L.-J. GEORGE,

SECRÉTAIRE DE L'ACADÉMIE DE NANCY,

PROFESSEUR DE MATHÉMATIQUES ET DE PHYSIQUE GÉNÉRALE AUX COURS PUBLICS INDUSTRIELS, MEMBRE ET CORRESPONDANT DES ACADÉMIES ROYALES DES SCIENCES, LETTRES ET ARTS DE NANCY, MARSEILLE, BESANÇON, ÉPINAL, ETC.

Deuxième Edition,

REVUE AVEC SOIN ET AUGMENTÉE DE PLUSIEURS QUESTIONS UTILES.

NANCY,

CHEZ L. VINCENOT, LIBRAIRE-ÉDITEUR.

PARIS, CHEZ HACHETTE, RUE PIERRE-SARRAZIN, N.° 12.

LUNÉVILLE, CHEZ M.lle WACHTER, LIBRAIRE.

OUL, CHEZ M.me VEUVE BASTIEN, LIBRAIRE.

A-MOUSSON, CHEZ M.me RENERS, LIBRAIRE.

1832.

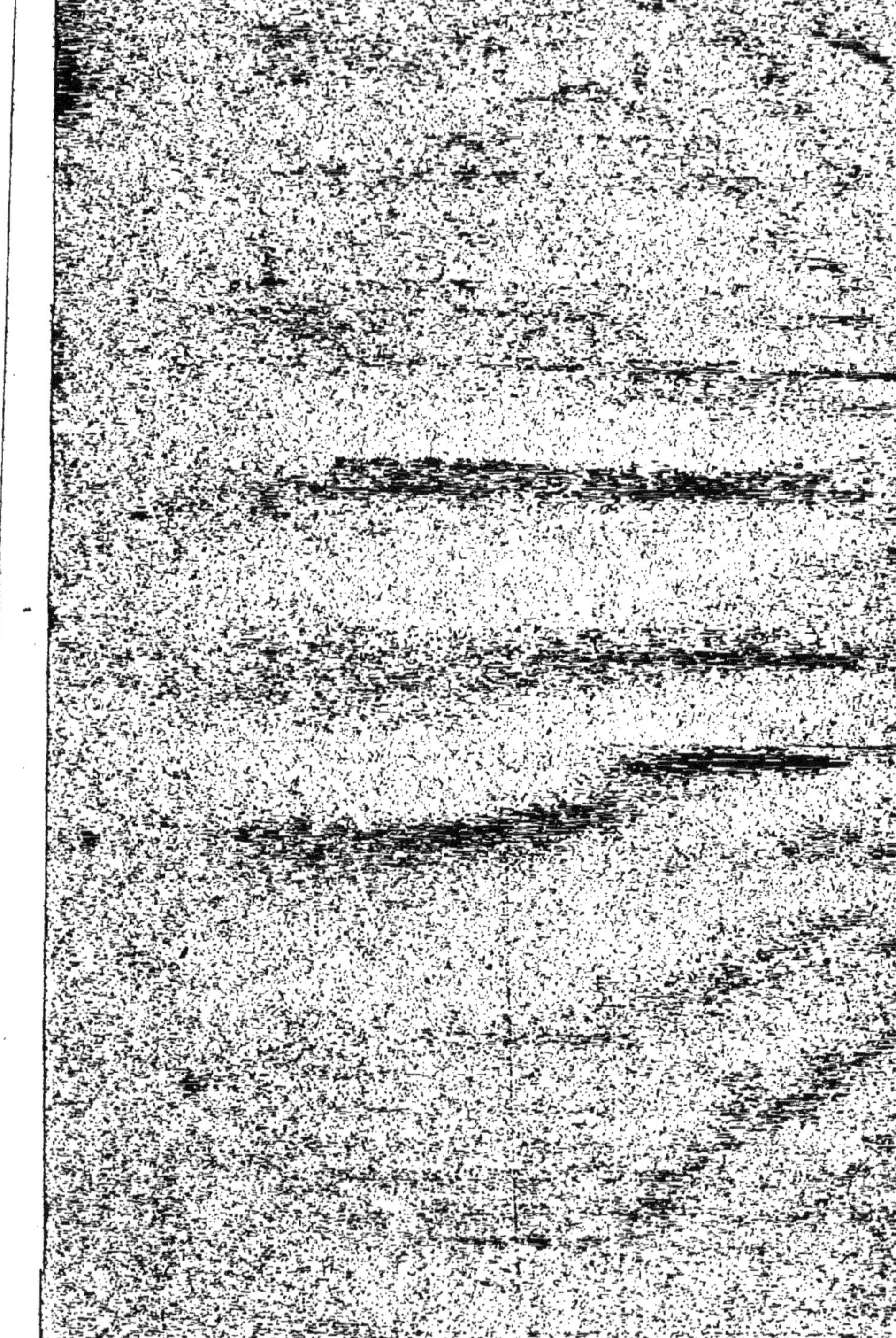

ARITHMÉTIQUE

DES ÉCOLES PRIMAIRES,

EN VINGT-DEUX LEÇONS,

RENFERMANT TOUT CE QU'IL EST INDISPENSABLE DE CONNAÎTRE POUR NOS RELATIONS SOCIALES;

PAR L.-J. GEORGE,

SECRÉTAIRE DE L'ACADÉMIE DE NANCY,

PROFESSEUR DE MATHÉMATIQUES ET DE PHYSIQUE GÉNÉRALE AUX COURS PUBLICS INDUSTRIELS, MEMBRE ET CORRESPONDANT DES ACADÉMIES ROYALES DES SCIENCES, LETTRES ET ARTS DE NANCY, MARSEILLE, BESANÇON, ÉPINAL, ETC.

Deuxième Édition,

REVUE AVEC SOIN ET AUGMENTÉE DE PLUSIEURS QUESTIONS UTILES.

NANCY,

CHEZ L. VINCENOT, LIBRAIRE-ÉDITEUR.

PARIS, CHEZ HACHETTE, RUE PIERRE-SARRAZIN, N.° 12.

LUNÉVILLE, CHEZ M.lle WACHTER, LIBRAIRE.

TOUL, CHEZ M.me VEUVE BASTIEN, LIBRAIRE.

PONT-A-MOUSSON, CHEZ M.me RENERS, LIBRAIRE.

1832.

Ouvrages du même Auteur.

1.° Cours d'Arithmétique, à l'usage des Cours publics industriels établis à Nancy, des Écoles normales primaires, des Pensions et des Colléges, 7.° édition; 1 vol. in-8°. Prix : 3 fr. 25 c.

2.° Cours de Géométrie pratique, à l'usage des Cours publics et des instituteurs primaires, 5.° édition. Prix : 4 fr.

3.° L'Art de lever les Plans, suivi de la manière de les laver; 1 vol. in-8°, orné de figures et dessins au trait, 3.° édition. Prix : 2 fr.

Le même, dessins lavés. 3 fr. 50 c.

4.° L'Arithmétique des Écoles primaires, renfermant tout ce qu'il est indispensable de connaître pour nos relations sociales, 2.° édition; in-8°. Prix : 90 c.

Nota. Ces ouvrages, utiles à presque toutes les professions, sont à la portée des personnes qui n'ont point étudié les mathématiques.

5.° Les premiers Élémens d'Algèbre, 3.° édition; 1 vol. in-8°, 1821. Prix : 3 fr. 50 c.

6.° Théorie générale des Rapports et des Proportions; brochure in-8°. Prix : 1 fr.

7.° Recueil de Problèmes numériques relatifs aux équations des deux premiers degrés; 1 vol. in-8°. Prix : 2 fr. 50 c.

8.° Traité de Sphère, précédé de l'exposition du véritable système du monde, 2.° édition; 1 vol. in-8°. Prix : 3 fr.

SOUS PRESSE,

Cours élémentaire de physique générale,

Leçons faites aux élèves des Cours industriels de Nancy.

Un vol. in-8°.

Avis aux Instituteurs primaires.

Quoique les Cours publics et gratuits établis à Nancy soient spécialement destinés aux jeunes Ouvriers et Artistes de cette ville, les Instituteurs primaires des communes environnantes sont admis à les suivre gratuitement; ils peuvent y venir puiser toutes les connaissances mathématiques exigées par les règlemens universitaires pour obtenir les brevets de capacité des 2.° et 1.er degrés.

NANCY, IMPRIMERIE DE DARD.

AVERTISSEMENT

Mis en tête de la 1.re édition publiée en juillet 1831.

Depuis long-temps cet ouvrage m'était demandé; aujourd'hui je cède volontiers aux désirs qui m'ont été si souvent exprimés, parce que j'ai l'espoir qu'il sera utile à l'instruction populaire, vers laquelle doivent spécialement tendre tous nos efforts, sous un gouvernement ami des hommes et disposé à répandre le bienfait de l'éducation jusque dans les plus petits hameaux, au sein même des classes le moins favorisées de la fortune.

C'est un exposé simple et méthodique des premiers élémens de la science des nombres : les enfans des campagnes comme ceux des villes, pourront y puiser la connaissance de toutes les règles nécessaires pour effectuer facilement les divers calculs qui sont à chaque instant d'un usage si précieux dans les besoins de la vie sociale.

Il est divisé en *vingt-deux leçons* qui renferment :

1.° Les définitions préliminaires.

2.° La numération, ou l'art de former et d'exprimer tous les nombres imaginables.

3.° Le tableau des principales mesures anciennes.

4.° L'exposition du nouveau système métrique.

5.° Les quatre opérations fondamentales de l'Arithmétique sur les nombres entiers et décimaux, les fractions et les nombres fractionnaires.

Dans ces théories se trouvent convenablement placées, l'approximation des quotiens, la transformation des fractions ordinaires en fractions décimales, la transformation réciproque, et généralement toutes celles que l'on peut faire subir aux nombres sans en altérer la valeur.

6.° Le calcul des nombres complexes, présenté de la manière la plus simple.

7.° La théorie des rapports et des proportions géométriques.

8.° Les règles de Trois, d'Intérêt, d'Escompte et de Société.

Enfin, de nombreuses questions, appropriées à nos besoins, les unes résolues et les autres seulement proposées suivant chaque théorie, pour faire comprendre leur usage et exercer le lecteur.

Quoique cet ouvrage ait été rédigé spécialement pour les jeunes personnes des deux sexes, les instituteurs y trouveront cependant tout ce qui est exigé de théorie et de pratique pour obtenir les brevets de capacité du 2.e et du 1.er degré. Ceux qui voudront s'instruire davantage et apprendre à résoudre les questions de haute spéculation sur les nombres, pourront se procurer mon *Cours complet d'Arithmétique*, *7.e édition*, où tout ce qu'il est utile de connaître sur cet objet se trouve traité et expliqué avec la plus grande clarté.

Je déclare avoir cédé mes droits sur cette 2.e édition à M. Vincenot, Libraire à Nancy, qui seul pourra la vendre et distribuer, ayant rempli les formalités exigées par les lois, en en déposant deux exemplaires à la préfecture du département de la Meurthe pour s'en assurer la propriété.

Signé : George.

Nota. *Tout nombre mis entre deux parenthèses, indique le numéro où se trouve le principe sur lequel repose ce dont il s'agit, et auquel il faut recourir pour s'en rendre l'étude moins pénible.*

ARITHMÉTIQUE DES ÉCOLES PRIMAIRES.

LEÇON PREMIÈRE.

Définitions. Numération des Nombres entiers.

1. L'ARITHMÉTIQUE est une science qui donne la connaissance des nombres et apprend à effectuer les diverses opérations auxquelles on peut les soumettre.

2. Pour se former une idée exacte des nombres, il faut savoir d'abord qu'on entend par *quantité* tout ce qui est susceptible d'augmentation ou de diminution, et par *unité* l'objet que l'on compare à la quantité pour en déterminer la grandeur.

Comme on ne peut comparer entre elles que des quantités de même nature, l'unité doit nécessairement varier d'espèce et de nom suivant les quantités auxquelles on la fait servir de terme de comparaison ou de *mesure*.

D'après cela, pour évaluer les longueurs, on prend une autre longueur d'une grandeur arbitraire, mais convenue, telle qu'*une toise*, *un pied*, *un mètre*, *une aune*. La grandeur des capacités, comme celle d'un vase, d'un tonneau, se détermine au moyen d'une plus petite capacité donnée : *un pot*, *un boisseau*, *un litre*. On estime les pesanteurs avec un poids pris pour mesure : *une livre*, *une once*, *un kilogramme*. Enfin, les collections d'unités, *une troupe*, *une dixaine*, *une douzaine*, par exemple, servent aussi de termes de comparaison ; et il en est de même de chaque objet pris dans la nature, comme *une pierre*, *un arbre*, *une étoile*, *un homme*, etc.

3. Chercher combien de fois une quantité contient l'unité de son espèce, c'est la *mesurer*; le résultat de cette opération, parlé où écrit, est précisément ce qu'on appelle *nombre*.

Or, en mesurant une quantité quelconque, on conçoit qu'elle peut renfermer exactement l'unité *une* ou *plusieurs fois*, ou être exprimée par *quelques parties* de l'unité, ou enfin comprendre à la fois *des unités et des parties* de l'unité ; ce qui donne naissance à trois résultats distincts, et conséquemment à autant d'espèces de nombres qu'on nomme respectivement *nombre entier*, *fraction* et *nombre fracitonnaire*.

Ainsi, le *nombre entier* peut être simplement l'unité ou un assemblage d'unités ;

La *fraction* exprime une seule partie ou plusieurs parties égales de l'unité ;

Le *nombre fractionnaire* se compose des deux premiers, c'est-à-dire d'unités et de parties d'unité.

DE LA NUMÉRATION.

4. On nomme *système de Numération* l'ensemble des conventions adoptées pour former et exprimer tous les nombres.

5. Le système que nous suivons est appelé *décimal*, parce que *dix* caractères y sont employés.

Le nombre *dix* est la *base* du système.

Ces caractères ou *chiffres* sont

1, 2, 3, 4, 5, 6, 7, 8, 9, 0;

ils s'énoncent

un, *deux*, *trois*, *quatre*, *cinq*, *six*, *sept*, *huit*, *neuf*, *zéro*.

Le zéro n'a aucune valeur par lui-même, il sert seulement, dans l'expression des nombres, à fixer la place des diverses unités qui les composent; les autres chiffres représentent les neuf premiers nombres appelés les *unités simples* ou les *unités du premier ordre*.

6. Pour avoir une idée claire de la génération des nombres, il faut les concevoir formés de l'unité ajoutée à elle-même, puis successivement au résultat précédent.

Cela posé, l'unité ajoutée à l'unité, ou 1 plus 1, donne le nombre 2; ce résultat 2 augmenté de 1, compose le nombre 3; de 3 plus 1, on forme 4, et on obtient de même 5, 6, 7, 8 et 9.

Après ces neuf premiers nombres, on manque de signes particuliers pour exprimer le nombre 9 plus 1, et tous ceux qui le suivent. Pour y suppléer, on est d'abord convenu que la réunion de 9 plus 1 unité simple, composerait une *unité du second ordre*, appelée *dixaine* ou *dix*, qui serait représentée par le chiffre 1 suivi du zéro, c'est-à-dire par 10; qu'on ajouterait cette nouvelle unité à elle-même et aux résultats successifs pour former les nombres

20, 30, 40, 50, 60, 70, 80, 90, (*)

exprimant *deux dixaines*, *trois dixaines*, *quatre dixaines*, etc., qu'on énonce *vingt*, *trente*, *quarante*, *cinquante*, *soixante*, *soixante-dix* ou *septante*, *quatre-vingts* ou *octante*, *quatre-vingt-dix* ou *nonante*; et que pour passer de 10 à 20, de 20 à 30,... de 80 à 90, et de 90 à 90 plus 10, sans interrompre la suite naturelle des nombres qui ne doivent croître que d'une unité simple, on mettrait dans chacun, à la place du zéro, les neuf chiffres 1, 2, 3.......9; ce qui détermine tous les nombres intermédiaires, dont les noms se forment de celui du chiffre des dixaines joint au nom des unités simples introduites (**).

(*) On voit que le *zéro* placé à la droite d'un nombre rend ses unités dix fois plus grandes, et conséquemment le nombre lui-même *dix fois* plus grand.

(**) Ces noms sont donc, *dix-un*, *dix-deux*, *dix-trois*,... *dix-neuf*;

En effectuant ces substitutions,

10 devient 11,	12,	13,	14,	15,	16,	17,	18,	19;
20. 21,	22,	23,	24,	25,	26,	27,	28,	29;
30. 31,	32,	33,	34,	35,	36,	37,	38,	39;
40. 41,	42,	43,	44,	45,	46,	47,	48,	49;
50. 51,	52,	53,	54,	55,	56,	57,	58,	59;
60. 61,	62,	63,	64,	65,	66,	67,	68,	69;
70. 71,	72,	73,	74,	75,	76,	77,	78,	79;
80. 81,	83,	83,	84,	85,	86,	87,	88,	89;
90. 91,	92,	93,	94,	95,	96,	97,	98,	99.

En sorte qu'au moyen de ce qui précède, on connaît les nonante-neuf premiers nombres.

Pour aller plus loin, on est également convenu que 90 plus 10, ou *dix dixaines*, composeraient une *unité du troisième ordre*, appelée *centaine* ou *cent*; que cette unité se représenterait par 1 suivi de deux zéros, et qu'on l'ajouterait à elle-même, puis aux résultats successifs, comme on a réuni les dixaines et les unités simples.

Cette convention donne naissance aux nouveaux nombres 100, 200, 300, 400, 500, 600, 700, 800, 900 (*), qui s'énoncent

cent, *deux cents*, *trois cents*, ... *neuf cents*;

et pour obtenir ceux compris entre 100 et 200, entre 200 et 300, entre 900 et 900 plus 100, on substitue l'un après l'autre, tous les nombres 1, 2, 3, 4, 5, jusqu'à 99, à la place des deux zéros qui en donnent le moyen (**); ainsi vient la suite

100, 101, 102 ... 109, 110, 111, 112 ... 119, 120, 121, 122 ... 198, 199;
200, 201, 202 ... 209, 210, 211, 212 ... 219, 220, 121, 222 ... 298, 299;
300, 301, 302 ... 309, 310, 311, 312 ... 319, 320, 321, 322 ... 398, 399;
400, 401, 402 ... 409, 410, 411, 412 ... 419, 420, 421, 422 ... 498, 499;
500, 501, 502 ... 509, 510, 511, 512 ... 519, 520, 521, 522 ... 598, 599;
600, 601, 602 ... 609, 610, 611, 612 ... 619, 620, 621, 622 ... 698, 699;
700, 701, 702 ... 709, 710, 711, 712 ... 719, 720, 721, 722 ... 798, 799;
800, 801, 802 ... 809, 810, 811, 812 ... 819, 820, 821, 822 ... 898, 899;
900, 901, 902 ... 909, 910, 911, 912 ... 919, 920, 921, 922 ... 998, 999;

---

vingt-un, *vingt-deux*, ... *vingt-neuf*; *trente-un*, *trente-deux*, ... *trente-neuf*; et ainsi de suite jusqu'à *nonante-neuf*.

* Cependant il faut excepter les expressions *dix-un*, *dix-deux*, *dix-trois*, *dix-quatre*, *dix-cinq* et *dix-six* qui ne sont pas adoptées, et qu'on remplace par les mots *onze*, *douze*, *treize*, *quatorze*, *quinze* et *seize*.

(*) Ici, deux zéros placés à la droite d'un chiffre changent ses unités en *centaines*, et rendent conséquemment le nombre qu'il représente *cent fois* plus grand.

(**) Les noms de ces derniers nombres se composent, comme les précédens, de ceux des *centaines*, *dixaines* et *unités* qu'ils renferment.

De là il résulte que l'on connaît déjà tous les nombres, depuis 1 jusqu'à 999 inclusivement.

En continuant toujours de réunir dix unités du même ordre pour en composer une nouvelle, on parvient à former les unités du *quatrième*, *cinquième*, *sixième*, *septième*, etc., *ordre*, appelées *mille*, *dixaines de mille*, *centaines de mille*, *millions*, etc.; et pour les exprimer on met *trois*, *quatre*, *cinq*, *six*, etc., zéros devant leurs chiffres, qui se trouvent ainsi placés dans des rangs de plus en plus avancés vers la gauche. Les nombres intermédiaires s'obtiennent toujours en substituant aux zéros tous les nombres déjà connus précédemment.

LEÇON II.e

Suite de la Numération décimale. Conséquences qui en résultent.

7. Comme on a formé les nombres entiers en imaginant de nouvelles unités toujours de dix en dix fois plus grandes, de même on peut obtenir d'autres nombres dont les unités soient constamment de dix en dix fois plus petites, lesquels ne seront qu'une suite immédiate des premiers considérés dans un ordre rétrograde, c'est-à-dire en revenant des unités composées aux unités simples. En effet, on voit alors que chaque unité d'un chiffre quelconque vaut seulement la dixième partie ou *un dixième* de l'unité précédente. Les *centaines*, par exemple, sont des dixièmes de l'unité de mille; les *dixaines*, des dixièmes d'une centaine, etc.

Concevons donc une nouvelle unité dix fois plus petite que l'unité simple, à laquelle on donne le nom de *dixième* (*); ajoutée à elle-même successivement, il en résultera les nombres *deux dixièmes*, *trois dixièmes*, . . . *neuf dixièmes*, qu'on exprime par

0,1 ; 0,2 ; 0,3 ; 0,4 ; 0,5 ; 0,6 ; 0,7 ; 0,8 ; 0,9.

Ici le zéro tient la place des unités, et la virgule sert à les séparer des dixièmes, afin de ne pas confondre ensemble ces deux sortes de nombres.

Concevant ensuite une seconde unité dix fois plus petite que le dixième, on a le *centième*, qui, réuni à lui-même, donne les nombres *deux centièmes*, *trois centièmes*, etc., jusqu'à *neuf centièmes*, qu'on écrit immédiatement à la droite des dixièmes, ou du zéro qui les remplace, comme il suit :

0,01 ; 0,02 ; 0,03 ; 0,04 ; 0,05 ; 0,06 ; 0,07 ; 0,08 , 0,09.

En continuant d'imaginer de nouvelles unités, chacune dix fois moindre que la précédente, on forme les unités successivement plus petites, nommées *millièmes*, *dix-millièmes*, *cent-*

(*) C'est une des dix parties égales en lesquelles on suppose l'unité décomposée.

millièmes, *millioniémes*, etc., qu'on exprime en plaçant leurs chiffres toujours à la droite les uns des autres.

Ainsi, le nombre *cinq dixièmes*, *six centièmes*, *sept millièmes*, *trois dix-millièmes*, *deux cent-millièmes et huit millioniémes*, s'écrit 0,567328.

8. Ces nombres composés d'unités qui ne sont que des parties de l'unité simple, s'appellent *parties* ou *fractions décimales*; joints aux nombres entiers, ils reçoivent la dénomination de *nombres décimaux*, qu'on peut aussi donner aux fractions mêmes; mais les chiffres de celles-ci reçoivent seuls le nom de *chiffres décimaux* ou celui de *décimales*.

Par exemple 12,0407 et 0,258 sont également des nombres décimaux; le premier contient *quatre décimales*, savoir 0,4,0 et 7; le second en renferme *trois* qui sont 2, 5, 8.

Conséquences de la Numération décimale.

9. Du système de numération que l'on vient d'exposer, il s'ensuit évidemment :

1° Que chaque unité d'un chiffre, exprimant des unités entières ou décimales et de quelque ordre qu'il soit, vaut toujours dix fois celle du chiffre placé à sa droite, et dix fois moins que celle du chiffre écrit à sa gauche.

Une centaine, par exemple, vaut dix fois plus qu'*une dixaine*, et dix fois moins qu'*un mille*; et *un centième* vaut dix fois plus qu'*un millième*, et dix fois moins qu'*un dixième*.

2° Que tout chiffre a deux valeurs; l'une *propre* ou *absolue*, qui appartient à sa figure et ne varie jamais; l'autre *locale* ou *relative*, qui dépend de la place qu'il occupe et peut changer à volonté.

Dans le nombre 85,04, les chiffres 8, 5 et 4 ont pour valeurs absolues 8 *unités*, 5 *unités* et 4 *unités*; mais leurs valeurs relatives sont 8 *dixaines*, 5 *unités et 4 centièmes*.

3° Qu'un nombre entier devient 10 fois, 100 fois, 1000 fois, etc., plus grand ou plus petit, selon qu'on écrit ou qu'on efface sur sa droite, 1, ou 2, ou 3, etc., zéros; car, si dans le premier cas, on rend toutes ses unités 10 fois, 100 fois, 1000 fois, etc., plus grandes (6), dans le second, elles doivent devenir nécessairement 10 fois, 100 fois, 1000 fois, etc., plus petites.

Voulant rendre 100 fois plus grand le nombre 47, on place deux zéros sur sa droite, ce qui donne 4700. Et si l'on demande un nombre 100 fois plus petit que 4700, on supprime les deux zéros que renferme celui-ci, et l'on retrouve 47.

5° Qu'on change la valeur des nombres décimaux par le déplacement de la virgule, qui seule détermine le rang des unités entières et des parties décimales; de sorte que ces nombres deviennent 10, 100, 1000, etc., fois plus grands ou plus petits, suivant qu'on avance la virgule vers la droite ou qu'on la recule, vers la gauche de 1, 2, 3, etc., places, puisqu'alors toutes les diverses unités des nombres se changent en des unités respectivement 10, 100, 1000, etc., fois ou plus grandes ou plus petites.

Ainsi, pour rendre la fraction décimale 0,0234 mille fois plus grande, on avance la virgule de deux places sur la droite, et on obtient 2,34.

Au contraire, en reculant la virgule de deux places dans 248,7, il vient le nombre 2,487 qui est 100 fois plus petit que le premier.

6° Enfin, qu'on peut écrire ou supprimer un ou plusieurs zéros de chaque côté d'un nombre décimal sans en changer la valeur, puisque la virgule, dans l'un ou l'autre cas, ne subit aucun déplacement.

C'est ainsi que les nombres 0,72; 0,720; 0,7200; 00,72; 000,72 ont la même valeur; car chacun ne renferme que 7 *dixièmes* et 2 *centièmes*, les zéros placés soit à droite, soit à gauche n'ayant aucune valeur par eux-mêmes. Réciproquement 000,72 et 0,7200 ne sont évidemment que 0,72.

Remarque. D'après cela, lorsqu'il sera nécessaire d'avancer ou de reculer la virgule de quelques places, et que le nombre proposé ne contiendra pas assez de chiffres pour effectuer cette opération, on pourra écrire sur la droite ou sur la gauche, selon le cas, assez de zéros pour la rendre possible (*).

Qu'il s'agisse de rendre 10000 fois plus grande la fraction 0,52 et 1000 fois plus petit le nombre 2,87; on trouvera pour premier résultat 5200, et pour le second 0,00287.

Idée des fractions ordinaires.

10. Afin de compléter la numération, il reste encore à donner une idée des *fractions*, vulgairement appelées *fractions ordinaires.*

Or, au lieu d'imaginer l'unité divisée en dix parties égales, rien n'empêche de la concevoir divisée en 2, 3, 4, 5, et généralement en tant de parties égales qu'on voudra. Alors, on sent qu'il faudra 2, ou 3, ou 4, ou 5, etc., parties pour former l'unité, et ces parties sont précisément ce qu'on appelle des *fractions de l'unité* ou simplement des *fractions.*

Quand l'unité est divisée en 2, 3 ou 4 parties égales, chacune se nomme *demi*, *tiers* ou *quart*, et représente une nouvelle unité de ce nom; si elle se trouve divisée en 5, 6, 7, etc., parties égales, on a des *cinquièmes*, des *sixièmes*, des *septièmes*, etc., et ceux-ci particularisent de même de nouvelles unités *cinq*, *six*, *sept*, etc., *fois* plus petites que l'unité simple.

Pour exprimer une fraction, il faut nécessairement deux nombres; l'un qui marque combien il entre de parties dans l'unité, et l'autre qui indique combien la fraction renferme de ces parties.

(*) Cette remarque est très-importante, par le fréquent usage qu'on en fait dans le calcul décimal.

On donne au premier le nom de *Numérateur*, au second celui de *Dénominateur*; pris ensemble, ils s'appellent les *deux termes* de la fraction.

Ainsi, dans la fraction *sept huitièmes* qu'on écrit $\frac{7}{8}$, le dénominateur 8 apprend que l'unité est divisée en 8 parties égales, et le numérateur 7 marque qu'on en a pris 7.

11. Dans toute fraction ordinaire, le dénominateur désigne l'espèce des parties, et le numérateur, le nombre de ces parties.

Par conséquent, selon que deux fractions auront un même dénominateur ou des dénominateurs différens, elles seront de même espèce ou de nature diverse.

Par exemple, $\frac{3}{7}$, $\frac{4}{7}$ et $\frac{5}{7}$ sont des fractions de même espèce; mais $\frac{3}{5}$ et $\frac{2}{3}$ sont d'espèce différente, les dénominateurs 5 et 3 n'étant pas égaux.

LEÇON III.e

Manière d'écrire et de lire les Nombres.

12. Tout nombre entier se divise naturellement en centaines, dixaines et unités simples, en centaines, dixaines et unités de mille, en centaines, dixaines et unités de millions, etc.; c'est-à-dire en *tranches* d'unités simples, de mille, de millions, de billions, etc., dont chacune renferme *trois chiffres*, excepté la dernière à gauche, celle des plus fortes unités, qui peut n'en avoir que *deux* et même *un seul*.

13. De cette observation, on a déduit les deux règles suivantes:

1° Pour *écrire* ou *exprimer en chiffres* un nombre entier quelconque, il faut *placer successivement à la gauche les unes des autres, la tranche des unités, celle des mille, celle des millions, des billions, etc., ayant soin de mettre* un zéro *pour chaque ordre d'unités qui manquerait dans une tranche, et* trois zéros *pour chaque tranche qui ne serait pas nommée.*

En suivant ce procédé, on trouve que le nombre

vingt billions, cinquante-huit mille, sept cent quatre unités,

a pour expression :

20 000 058 704.

2° Pour *énoncer* ou *lire* un nombre entier, *on le partage, en commençant par la droite, en tranches de trois chiffres; on reconaît le nom de chacune; puis partant de la gauche, on les énonce l'une après l'autre, en observant de passer celles qui ne sont exprimées que par des zéros.*

Soit proposé le nombre 15807632.

On le décompose d'abord en tranches de trois chiffres, comme il suit:

15 807 632;

et, après avoir reconnu que la première tranche à gauche renferme des *millions*, on lit :

Quinze MILLIONS, *huit cent sept* MILLE, *six cent trente-deux* UNITÉS.

On trouvera de même que 7000000302045, expriment le nombre

sept TRILLIONS, *trois cent deux* MILLE, *quarante-cinq* UNITÉS.

14. Maintenant, expliquons la manière d'*écrire* et de *lire* les fractions décimales.

Premièrement, toute *fraction décimale* s'écrit, d'après son énoncé, *en cherchant d'abord combien elle doit renfermer de décimales, exprimant ensuite sa partie significative* (*) *comme un nombre entier, et mettant* (s'il est nécessaire), *sur la gauche de cette partie, assez de zéros pour qu'il soit possible de séparer autant de décimales qu'on en a comptées.*

EXEMPLE. Ayant à exprimer en chiffres

trois cent quatre dix-millionièmes :

on remarque que les *dix-millionièmes* n'arrivent qu'à la septième place, et que la partie significative de la fraction 304 ne renfermant que trois chiffres, il manque quatre décimales qu'il faut remplacer par autant de zéros, en sorte qu'on obtient pour la fraction énoncée

0,0000304.

On trouverait aussi facilement que *soixante mille, quarante-huit millionièmes*, a pour expression correspondante

0,060048 ;

et que les nombres décimaux *trente-deux unités, cinquante-sept millièmes* et *huit unités, cinq dix-millièmes*, répondent à

32,057 et 8,0005.

En second lieu, *une fraction décimale s'énonce comme un nombre entier, en observant seulement de remplacer le mot* UNITÉS *par le nom des plus petites parties décimales qu'elle renferme* (**).

Ainsi la fraction 0,425, s'énonce *quatre cent vingt-cinq millièmes ;* et pour lire celle-ci 0,00060328, on dit : *soixante mille trois cent vingt-huit cent-millionièmes.*

Il est à remarquer que, si la fraction était précédée d'unités entières, ce qui ferait alors un nombre décimal, il faudrait les énoncer avant la fraction.

Pour énoncer le nombre 56,0804, on lira donc : *cinquante-six unités, huit cent quatre dix-millièmes.*

(*) On appelle *partie significative* d'une fraction décimale le nombre qui exprime uniquement les parties énoncées.

(**) Pour trouver ce nom, on prononce sur chaque *décimale* de la fraction le nom qui lui est propre, et le dernier exprimé donne celui qu'on cherche.

Qu'il s'agisse, par exemple, de déterminer le nom des unités décimales de la moindre espèce contenues dans la fraction 0,200708. Sur les chiffres décimaux 2, 0, 0, 7, 0 et 8, on prononcera les mots *dixièmes, centièmes, millièmes, dix-millièmes, cent-millièmes, millionièmes*, et le nom demandé sera *millionièmes*.

15. Enfin, *on exprime une fraction ordinaire, en écrivant le dénominateur au-dessous du numérateur, ayant soin de l'en séparer par un trait horizontal.*

Voulant exprimer les fractions *deux tiers*, *quatre cinquièmes*, *sept douzièmes*, *trois seizièmes*, on écrit

$$\frac{2}{3},\ \frac{4}{5},\ \frac{7}{12},\ \frac{3}{16}.$$

Et généralment, *pour énoncer une fraction, on lit d'abord le numérateur, ensuite le dénominateur à l'énoncé duquel on ajoute la finale* IÈME.

Par exemple, les fractions $\frac{7}{15}$ et $\frac{24}{63}$ s'énoncent *sept quinzièmes* et *vingt-quatre soixante-troisièmes.*

RÉMARQUE. On sait que les fractions qui ont pour dénominateur l'un des nombres 2, 3 ou 4, font exception à cette règle. $\frac{1}{2}$, $\frac{2}{3}$, $\frac{3}{4}$, se lisent : *un demi* ou *une demie*, *deux tiers*, *trois quarts.*

LEÇON IV.e

Des Mesures usitées en France.

MESURES NOUVELLES.

16. Autrefois on se servait en France d'une infinité de mesures (on en connaît près de 800 de différens noms), dont les subdivisions, variant pour chaque pays et souvent d'un simple village à l'autre, sans être soumises à aucune règle constante, présentaient les plus grandes irrégularités et rendaient fort compliquées les opérations qui s'y rapportaient.

Voici le tableau de celles qui étaient le plus généralement répandues.

L'unité monétaire s'appelait *livre tournois* ou simplement *livre*; elle se divisait en 20 *sous*, et le sou en 12 *deniers*. Ces mots *livre*, *sou*, *denier* se représentaient par des signes ₶, *s*, *d*.

La *toise* était l'unité de longueur; elle se décomposait en 6 *pieds*, le pied en 12 *pouces*, le pouce en 12 *lignes* et la ligne en 12 *points*. Les noms de ces diverses unités se remplaçaient par ces signes : T, *pi.*, *po.*, *li.*, *pt.*

La *livre*, servant aux pesées, se sous-divisait en 2 *marcs*, le marc en 8 *onces*, l'once en 8 *gros* ou *dragmes*, le gros en 3 *deniers* ou *scrupules*, et le denier en 24 *grains.*

Ces mesures se représentaient par les caractères *liv.*, ℔, ℥, ʒ, D, G.

La livre a servi à composer le *quintal* qui en contient 100, et le *millier* qui vaut dix *quintaux.*

Le *muid* était la mesure de capacité ; on l'employait pour les liquides et pour les matières sèches. Dans le premier cas, on le partageait en 36 *veltes*, la velte en 8 *pintes*, et la pinte en 2 *chopines*; dans le second, il se devisait en 12 *setiers*, le setier en 12 *boisseaux*, le boisseau en 12 *litrons*.

Le *jour*, unité de temps que l'on a conservée, vaut 24 *heures*, l'heure 60 *minutes*, la minute 60 *secondes*, la seconde 60 *tierces*. On désigne ces unités par *j*, *h*, *m*, ″, ‴.

Du *jour* on a formé le *mois*, l'*année* et le *siècle*, qui servent pour fixer les dates et les époques. Le mois contient 28, 29, 30 ou 31 jours, l'année 12 mois, et le siècle 100 ans.

Enfin, le *degré*, unité circulaire, est encore la 360.e partie du cercle; chaque degré se divise en 60 parties égales appelées *minutes*, la minute en 60 *secondes*, la seconde en 60 *tierces*.

Les signes °, ′, ″, ‴, expriment respectivement le *degré* et les diverses unités qui en dérivent.

MESURES NOUVELLES.

17. Toutes les unités qui composent le nouveau système des poids et mesures se rapportent à une base unique et invariable prise dans la nature, c'est-à-dire au quart du Méridien terrestre (*).

18. Les principales sont au nombre de six, savoir:

Le *mètre*, type commun duquel on déduit toutes les autres mesures du système, est l'unité linéaire ou de longueur; il répond à la *dix-millionième* partie du quart du Méridien, et vaut 3 *pieds* 11 *lignes* et 0,296 *de ligne*.

L'*are*, unité de superficie ou de mesure agraire, est un quarré (**) dont chaque côté a 10 mètres; il équivaut à 100 *mètres quarrés*, ou à 100 quarrés d'un mètre de côté.

Le *stère* est l'unité de capacité; il représente un cube (***) qui a un mètre de côté, et que pour cela on nomme *mètre cube*.

Le *litre* sert à estimer les capacités; sa contenance équivaut à celle d'un *décimètre cube*, ou d'un cube ayant pour côté le dixième du mètre.

On évalue ce que pèsent les corps avec une unité appelée *gramme*; c'est la millième partie du poids d'un litre d'eau distillée, qui égale 18 grains et 0,827 de grain, ou 18^G,827.

Enfin, pour apprécier la valeur des monnaies, on prend le *franc*; c'est une pièce d'argent pesant 5 grammes. Ses subdi-

---

(*) On nomme *Méridien terrestre* tout grand cercle qui passe par les deux pôles de la terre. Le quart du Méridien qui passe par Paris, a été mesuré avec soin, et on a trouvé pour résultat 5130740 toises, ou 30784440 pieds, d'où on a déduit la valeur du *mètre*.

(**) Un *quarré* est une surface terminée par quatre côtés égaux et perpendiculaires l'un à l'autre.

(***) On appelle cube un corps formé par six quarrés égaux, tel qu'un dez à jouer.

visions en 10 et en 100 parties égales ont reçu les noms de *décimes* et de *centimes*.

19. Ces premières unités ou *unités principales* une fois déterminées, il était nécessaire, pour répondre aux différens besoins du commerce, d'en établir d'autres plus grandes et plus petites qui fussent à la fois peu nombreuses et en harmonie avec la numération décimale; ce qui a conduit à l'adoption des *multiples* et *sous-multiples* dont on va faire connaître les noms et l'usage.

20. Pour exprimer les multiples des nouvelles mesures, on emploie les mots *Déca*, *Hecto*, *Kilo*, *Myria*, qui signifient respectivement 10, 100, 1000, 10000, que l'on place à la gauche du nom de l'unité principale dont on veut avoir les multiples.

Ainsi, on trouve les multiples du *litre*, par exemple, en écrivant: *Décalitre*, *Hectolitre*, *Kilolitre*, *Myrialitre*; et ces expressions représentent 10 litres, 100 litres, 1000 litres, 10000 litres.

On obtient de même ceux des autres unités; mais il faut en excepter le *franc* et le *stère*, qui n'ont pas de multiples employés, et se rappeler que l'*hectare* et le *myriare* sont les seuls composés de l'*are* reçus jusqu'à présent.

21. Les sous-multiples de ces mêmes unités s'expriment au moyen des mots *déci*, *centi*, *milli*, que l'on écrit toujours devant le nom de la mesure primitive; ils signifient *un dixième*, *un centième*, *un millième*.

Le *mètre* se sous-divise donc en unités successivement dix fois plus petites appelées *décimètres*, *centimètres*, *millimètres*; le *stère* en *décistères*, *centistères*, *millistères*; et ainsi des autres, à l'exception seule du *franc*, dont on a donné plus haut les noms des sous-multiples.

22. Pour désigner les nouvelles mesures, on emploie les premières lettres de leurs noms, qu'on a soin d'écrire au-dessus de la virgule qui sépare toujours ces unités de leurs subdivisions ou unités inférieures.

Par exemple, pour indiquer que 34,67 représentent des *mètres* et parties de *mètre*, on écrit $34^{M},67$; et dans le nombre $5^{L},28$, la lettre *L* marque qu'il renferme des *litres* et des centièmes de *litre*, ou 5 *litres* 28 *centilitres*.

Quand il est question d'un multiple ou d'un sous-multiple, on met alors devant la lettre initiale de la mesure primitive celle du nom multiple ou sous-multiple; mais afin de ne pas confondre les mots *Myria* et *Déca* avec *Milli* et *Déci*, on emploie les grandes lettres M, D, pour les deux premiers, et les petites *m*, *d*, à la place de *milli*, *déci*.

Ainsi pour désigner que les nombres 48, 25 et 36, représentent respectivement des *kilogrammes*, des *décamètres* et des *decimètres*, on écrit $48^{K.G}$ $25^{D.M}$, et $36^{d.M}$.

23. Enfin, toutes les unités principales du système métrique étant 10, 100, 1000, etc., fois plus grandes que leurs unités inférieures, et celles-ci 10, 100, 1000, etc., fois moindres que les premières, on sent que pour passer des unes aux autres, il suffira de rendre leurs nombres 10, 100, 1000, etc., fois plus grands ou plus petits, suivant qu'on voudra changer des unités principales en unités inférieures ou réciproquement des unités inférieures en unités principales.

Voulant réduire, par exemple, 32 *décalitres* en *centilitres*, on rend 1000 fois plus grand le nombre 32, parce que 1 décalitre vaut 1000 centilitres; ce qui donne 32000 *centilitres*.

Et pour convertir 4789 *centigrammes* en *grammes*, on rend 100 fois plus petit le nombre 4786; de sorte qu'on trouve 47 c, 89 *c.g.*

On s'est un peu étendu sur l'exposition des nouvelles mesures, parce qu'il est d'une extrême nécessité d'en avoir une notion complète.

LEÇON V.e

Questions relatives à la Numération. Opérations fondamentales et Signes qu'on emploie pour les indiquer.

QUESTIONS.

I. Une pièce de vin coûte 45 francs; on veut en acheter 100 pièces: que doit-on payer pour cet achat?

Réponse. Il est visible qu'il faudra donner 100 fois plus d'argent, ce qui revient à rendre 100 fois plus grand le nombre 45 francs; en sorte que 4500 francs représentent la somme nécessaire au marché en question.

II. On demande quel est le chemin que parcourrait, en 10 jours, un voyageur qui fait 12 lieues par jour.

Réponse. 120 lieues.

III. Dix ouvriers ont fait ensemble un fossé de 240 mètres de long; quel est le travail de chacun?

Réponse. Il est aisé de concevoir que l'ouvrage d'un seul ouvrier ne doit être que la dixième partie de celui fait par 10 ouvriers; ainsi, en rendant le nombre 240 mètres 10 fois plus petit, on trouvera 24 mètres; c'est-à-dire qu'un fossé de 24 mètres de longueur est le travail demandé.

IV. Un repas de cent couverts a coûté 3000 francs; à combien le couvert revenait-il?

Réponse. Chaque couvert revient à 30 fr.

V. Un marchand a vendu 24 hectolitres et 16 litres de vin dans un jour; si la vente s'était continuée de même pendant 100 jours, combien aurait-il vendu de vin?

Réponse. Il en aurait vendu 100 fois davantage, ou 2416 hectolitres.

VI. Dix maçons ont reçu 560 francs pour la construction d'un mur de 100 mètres de long; on demande combien chaque maçon a gagné, et quel était le prix du mètre?

Réponse. 5 fr. 60 cent.

VII. Un voiturier en 10 heures a transporté d'une ville dans une autre 487 kilogrammes 6 hectogrammes de marchandises ; combien 10 voituriers en transporteraient-ils dans un temps dix fois plus grand ?

Réponse. 1 voiturier, en 10 *heures*, transportant 487 K.G. 6 h.g. de m.dises, 10 voituriers, en 10 *heures*, en transporteront 4876 kil. et 10 voit., en 10 fois 10 *h.* ou 100 *h.*, en transp.t 48760 kil.

VIII. Un litre de vin se vend $0^{f},35^{c}$; quel est le prix de l'hectolitre ?

Réponse. 35 francs.

IX. On a donné 2500 fr. de gratification à 10 compagnies de 100 hommes ; combien chaque homme a-t-il reçu ?

Réponse. 2 fr. 50 cent.

X. Une centaine de charpentiers a construit un vaisseau en six semaines ; quel temps 10 charpentiers de la même force y auraient-ils employé ?

Réponse. 60 semaines.

XI. La rente d'un certain capital s'élève à 68 francs 75 centimes par an ; quel serait le rapport d'une somme 10 fois plus grande au bout de dix ans ?

Réponse. 6875 francs.

XII. *L'hectare* ou *l'arpent* nouveau, composé de 100 perches quarrées, valant 1 arp. 95 perch. quar., 802 (Eaux et Forêts) ; trouver quelle est la valeur de l'*are* ou de la *perche quarrée* nouvelle ?

Réponse. 1 perch. quar. et 0,958 (Eaux et Forêts).

DES OPÉRATIONS FONDAMENTALES.

24. En Arithmétique, il y a quatre opérations fondamentales, l'*Addition*, la *Soustraction*, la *Multiplication* et la *Division*.

L'*Addition* et la *Multiplication* servent à composer les nombres ; leur décomposition se fait par la *Soustraction* et la *Division*.

Effectuer une quelconque de ces opérations, ou celles qui en dérivent, est ce qu'on appelle *calculer* ; aussi définit-on le *Calcul*, l'art de composer et de décomposer les nombres.

25. Chaque opération fondamentale comprend quatre parties, le *but*, la *règle*, la *démonstration* et la *preuve*.

Le *but* d'une opération est, en général, ce que l'on se propose.

La *règle* présente l'ensemble des moyens qu'on emploie pour arriver au but.

La *démonstration* est un raisonnement qui prouve que les moyens employés pour arriver au but sont exacts.

La *preuve* est une seconde opération que l'on fait pour vérifier le résultat de la première.

SIGNES EN USAGE DANS L'ARITHMÉTIQUE.

26. Quand on ne veut qu'indiquer les diverses opérations du calcul, on emploie les signes +, —, ×, :, =, qui s'énoncent *plus*, *moins*, *multiplié par*, *divisé par*, *égale*, et marquent respectivement l'*Addition*, la *Soustraction*, la *Multiplication*, la *Division*, et l'*égalité* de deux quantités.

Ainsi, les expressions $4+5$, $9-7$, 3×6, $20:4$ ou $\frac{20}{4}$, et $5+3=8$, signifient qu'il faut ajouter 4 avec 5, soustraire 7 de 9, multiplier 3 par 6, diviser 20 par 4, et que 5 plus 3 égale 8.

LEÇON VI.e

Addition. Sa Preuve. Ses Usages. Questions qui s'y rapportent.

DE L'ADDITION.

27. Le but de l'addition est de réunir plusieurs nombres de même espèce en un seul qu'on appelle *somme*.

28. L'addition d'un nombre quelconque avec un nombre simple (*), se fait *en décomposant le plus petit en ses unités, et les ajoutant successivement à l'autre.*

Par exemple, voulant ajouter 5 avec 3, on décompose 3 en $1+1+1$; puis, pour obtenir la somme, on dit : $5+1=6$, $6+1=7$, et $7+1=8$; de sorte que $5+3=8$.

29. Pour faire l'addition des nombres composés, il faut les *écrire en plaçant leurs unités, dixaines, centaines, etc., les unes au-dessous des autres; après avoir souligné le tout, faire la somme des unités; si cette somme ne surpasse pas 9, l'écrire au-dessous de la colonne des unités, mais si elle surpasse 9, n'écrire que les unités, et porter les dixaines qu'elle renferme à celles de la colonne suivante; observer un procédé semblable pour chaque colonne, et sous la dernière placer la somme telle qu'on la trouve.*

Le nombre qu'on obtient, en suivant cette règle, est la somme des nombres proposés; car il renferme bien sûrement toutes les diverses unités de chacun d'eux.

30. Soit à trouver la somme des trois nombres 9864, 2708 et 6835.

```
              9 8 6 4
              2 7 0 8
              6 8 3 5
           ----------
Somme. . . . 1 9 4 0 7
```

Après les avoir disposés et soulignés comme on le voit ci-dessus, on commence par les unités, en disant : 5 et 8 font 13, et 4 font 17, ou 1

(*) Tout *nombre simple* est exprimé par un seul chiffre; le nombre qui en renferme plusieurs est dit *composé*.

dixaine et 7 unités; on écrit 7 sous la colonne des unités, et on retient la dixaine pour la joindre à celles de la deuxième colonne. Cela fait, on continue l'opération, en disant: 1 de retenu et 3 font 4, et 0 font 4 (*) et 6 font 10; alors on écrit 0 sous la seconde colonne, et on retient 1. Passant à la troisième colonne, on dit: 1 de retenu et 8 font 9, et 7 font 16, et 8 font 24; on écrit 4 sous cette colonne, et on retient 2. Enfin, opérant de même sur la dernière, on trouve 19, que l'on écrit au-dessous; de sorte qu'on a 19407 pour la somme des trois nombres proposés.

Voici encore plusieurs exemples sur lesquels on pourra s'exercer.

	85603	154568	756004	847
	62564	2673	68050	1592
	57809	48004	143049	475
Sommes	205976	205245	967103	2914

31. Quant à l'addition des *fractions décimales* ou des *nombres décimaux*, elle s'effectue en *écrivant leurs unités de même ordre les unes au-dessous des autres, opérant ensuite comme sur les nombres entiers, et plaçant la virgule à la somme comme dans les fractions proposées.*

Les fractions décimales suivant la même loi que les nombres entiers, il en résulte que la règle énoncée est exacte.

32. Qu'on demande, par exemple, la somme des nombres 5,67894; 0,56; 0,6895; 7,124 et 6,89713.

En se conduisant selon la règle, on obtiendra 20,94957 pour résultat. Voici l'opération :

	5,67894
	0,56
	0,6895
	7,124
	6,89713
Somme.	20,94957

AUTRES EXEMPLES.

	0,04	0,9652	4,6342	0,34503
	0,005	0,81394	18,07	3,2708
	0,06	0,07	43,0004	0,00025
	0,708	0,50086	12,698	6,089
Sommes. . .	0,813	2,35	78,4026	9,70508

Preuve de l'Addition.

33. Pour faire la *preuve* de l'Addition, il suffit *de la recommencer dans un autre ordre, c'est-à-dire d'ajouter les chiffres en descendant, s'ils ont primitivement été comptés en remontant; ou réciproquement, si le contraire a eu lieu.*

(*) Comme les *zéros* n'ont pas de valeur, on peut opérer sans y avoir égard, sinon, pour tenir la place de quelques ordres d'unités qui manqueraient.

Par-là, on est sûr de ne pas retomber dans les erreurs qu'on aurait pu faire la première fois, puisque toutes les sommes partielles qu'on obtient alors sont différentes des premières déjà trouvées, par la nouvelle disposition des chiffres entre eux ; et comme les résultats des colonnes, et conséquemment la somme totale, ne doivent varier dans aucun cas, on saura que l'on ne s'est point trompé si on retrouve les mêmes chiffres.

Ce procédé a le double avantage d'être simple et de vérifier à chaque colonne un chiffre du résultat primitif ; on peut donc l'employer préférablement à celui qui repose sur la Soustraction.

On fera bien de s'exercer, en vérifiant les exemples donnés ci-dessus.

Ses Usages.

34. Les usages de l'Addition se rapportent tous à ce problème général :

Plusieurs nombres de même espèce étant donnés, en trouver un seul qui leur soit équivalent.

QUESTIONS SUR L'ADDITION.

I. Un voyageur a marché pendant cinq jours : le premier jour, il a parcouru 25 kilomètres ; le second, 27 ; le troisième, 19 ; le quatrième, 30, et le dernier, 24. On demande la route totale qu'il a faite.

Réponse. La route totale doit évidemment se composer des chemins parcourus pendant les cinq jours de marche ; ainsi, en ajoutant les nombres qui représentent ces distances, on trouvera 125 kilomètres pour réponse.

II. Suivant l'annuaire du Bureau des longitudes ; Paris renferme 713765 habitans ; Marseille, 102217 ; Strasbourg, 49902 ; Metz, 41035 ; Nancy, 29628 ; Toul, 8015 ; Épinal, 7520 ; Neufchâteau, 2831. Quelle est la population totale de ces villes ?

Réponse. En réunissant les nombres qui indiquent la population respective de chacune de ces villes, la somme qu'on obtiendra satisfera à la question. Le calcul donne 954913 habitans.

III. On demande quelle était déjà la durée du royaume de France à l'époque de la dernière révolution, arrivée en 1830, sachant que depuis Pharamond, son fondateur, jusqu'à Clovis, premier Roi chrétien, il s'est écoulé 61 ans ; que sous ce prince et ses successeurs jusqu'à l'élévation de Pépin, chef de la seconde race, il s'en est écoulé 271 ; que Pépin-le-Bref et ses descendans régnèrent 235 ans ; enfin, qu'après eux, Hugue-Capet étant monté sur le trône, le royaume exista 843 ans avant d'arriver à l'époque donnée.

Réponse. La monarchie existait depuis 1410 ans, quand la dernière révolution de juillet éclata.

IV. Un particulier a acheté une propriété considérable : il a payé les bois 75645f,25c; les prés, 24564f,80c; les terres labourables, 60740f,50c; les vignes, 6789f; les maisons de maître et de ferme, 20478f,75c, auxquelles il a fait des réparations pour 6800f; enfin les frais d'acquisition se sont montés à 11305f, sans y comprendre 648 fr. du pot-de-vin réservé par les vendeurs. On demande à combien revient cette propriété.

On cherchera la réponse de cette question et celle des deux qui suivent.

V. Henri IV monta sur le trône en 1589, et régna 21 ans; Louis XIII, Louis XIV, Louis XV et Louis XVI lui succédèrent sans interruption, et régnèrent, le 1.er 33 ans, le 2.e 72 ans, le 3.e 59 ans, le 4.e 19 ans. On sait que depuis la mort de Louis XVI jusqu'à l'avénement au trône de Louis-Philippe Ier, il s'écoula 37 ans : on demande en quelle année ce dernier Roi prit les rênes du gouvernement.

VI. Un orfèvre a trois lingots d'argent; le premier pèse 8D.G,547c.g; le 2.e 10D.G,048c.g et le 3.e 0D.G,675c.g. Combien ces lingots pèsent-ils ensemble?

LEÇON VII.e

Soustraction. Preuve et usages de cette règle. Questions.

DE LA SOUSTRACTION.

35. La Soustraction est une opération qui fait connaître de combien d'unités un nombre en surpasse un autre.

Le résultat se nomme indistinctement *reste*, *excès* ou *différence*.

36. On obtient la différence de deux nombres simples *en soustrayant successivement du plus grand chacune des unités contenues dans le plus petit.*

Ainsi, pour retrancher 2 de 7, on ôte 1 deux fois de 7, et on trouve 5 pour différence. En effet, $2 = 1 + 1$; puis $7 - 1 = 6$, et $6 - 1 = 5$; donc $7 - 2 = 5$.

37. Dans cette opération, on conçoit que, si les deux nombres donnés étaient égaux, la différence serait nulle.

D'où il suit qu'on peut, avant d'effectuer une soustraction, ajouter la même quantité à chacun des deux nombres, sans changer la valeur du résultat; car, les quantités ajoutées étant égales, elles donnent pour différence *zéro*, qui n'augmente bien sûrement pas celle des deux nombres proposés (5).

38. De ces principes on déduit la règle suivante :

Pour soustraire un nombre composé d'un autre, il faut placer le plus petit au-dessous du plus grand, comme dans l'addition, souligner le tout; retrancher successivement, en commençant par la droite, chaque chiffre inférieur de son correspondant supérieur; écrire chaque différence au-dessous, et zéro quand on n'en trouve pas; augmenter de

10 unités de son ordre tout chiffre supérieur qui ne serait pas assez fort pour en pouvoir ôter le chiffre placé immédiatement sous lui, et ajouter une unité au chiffre inférieur qui le suit (*), *avant de continuer l'opération.*

On ajoute 10 unités à chaque chiffre supérieur trop faible, afin de rendre possible la soustraction ; l'addition d'une unité qui se fait ensuite au chiffre inférieur, établissant une compensation par laquelle les deux nombres proposés sont augmentés de la même quantité (9), il s'ensuit que leur différence n'est pas altérée (37) ; enfin, le résultat auquel on arrive est la différence exacte de ces mêmes nombres ; car il contient évidemment toutes les différences qui existent entre les divers ordres d'unités qui les composent.

39. Soit à soustraire le nombre 36254 de 49057.

	49057
	36254
Reste.	12803

Ayant placé le plus petit nombre sous le plus grand, et souligné le tout, on procède en disant : 4 ôté de 7, reste 3, qu'on écrit au-dessous ; 5 ôté de 5, il ne reste rien, on écrit un zéro ; ne pouvant ensuite soustraire 2 de 0, on ajoute 10 à ce dernier, puis continuant : 2 ôté de 10 reste 8, qu'on écrit sous 2 ; alors on augmente le chiffre inférieur 6 de 1, ce qui donne 7, et 7 retranché de 9, laisse 2, qu'on écrit de même au-dessous ; enfin, de 4 ôtant 3, reste 1, qu'on place encore sous 3 ; de sorte que 12803 est la différence des deux nombres donnés.

L'élève pourra s'exercer sur les exemples ci-dessous.

	758928	64308	43006405
	628501	5602	2438592
Restes. . .	130427	58706	40567813

40. La soustraction des *fractions décimales* s'exécute en suivant les règles données pour celle des nombres entiers, *ayant soin cependant de compléter, par des zéros, toutes les décimales qui pourraient manquer dans l'une ou l'autre, pour que leur nombre devienne le même dans les deux fractions, et de placer la virgule au résultat, précisément comme elle se trouve écrite dans les nombres soumis à l'opération.*

On complète les décimales par des zéros, uniquement pour faciliter le calcul ; mais l'attention de placer la virgule dans le rang de celle des fractions données est de rigueur, parce qu'elle seule détermine l'espèce des parties que doit renfermer la différence.

41. Par exemple, soit à soustraire la fraction 0,5936784 de 0,678.

(*) Ces deux additions se font de mémoire, sans rien changer au nombre soumis au calcul.

Observant que l'une de ces fractions contient quatre décimales de plus que l'autre, on met quatre zéros sur la droite de celle-ci, ce qui ne change pas sa valeur (9), et l'opération revient à ôter 0,5936784 de 0,6780000.

Opération.

	0, 6 7 8 0 0 0 0
	0, 5 9 3 6 7 8 4
Différence.	0, 0 8 4 3 2 1 6.

42. Qu'on veuille encore savoir de combien le nombre 34,560039 surpasse 9,705; on retranchera 9,705000 de 34,560039, et on trouvera pour différence 24,855039.

Voici d'autres exemples dans lesquels on n'a pas suppléé aux décimales.

	4,2945	0,795643	824,3007
	0,8689	0,037	823,7514297
Restes..	3,4256	0,758643	0,5492703

Preuve.

43. La *preuve* de la Soustraction se fait *en ajoutant la différence au plus petit nombre ; la somme doit égaler le plus grand, si l'opération est exacte.*

En effet, la différence exprime ce qu'il manque au plus petit pour valoir le plus grand ; en la lui ajoutant, on doit donc obtenir ce dernier.

Désirant vérifier la soustraction ci-dessous :

	4057809
	1984342
Différence.	2073467
Preuve.	4057809

on ajoute la différence 2073467 au plus petit nombre 1984342; la somme étant 4057809, exactement le plus grand nombre, on en conclut que l'opération primitive a été bien faite.

On vérifiera de même toutes les soustractions qu'on a effectuées plus haut.

Usages.

44. Les divers usages de la Soustraction conduisent toujours à la résolution de ce problème :

La somme de deux nombres et l'un de ces nombres étant donné, déterminer l'autre?

Les applications suivantes confirmeront cette vérité.

QUESTIONS SUR LA SOUSTRACTION.

I. Un architecte présente un mémoire qui s'élève à 20408f, sur lequel il a reçu 14645 francs ; on demande ce qu'il lui revient encore.

Réponse. Le montant du mémoire doit se composer de la somme déjà payée et de celle à recevoir ; on trouvera donc cette dernière en retranchant 14645 fr. de 20408 fr. La différence 5763 fr. est ce qu'il faut payer encore.

II. Une armée de 40560 hommes en a perdu 5784 dans un combat : déterminer le nombre de soldats qui lui reste.

Réponse. 34776 hommes.

III. La Société royale académique des Sciences, Lettres et Arts de Nancy fut fondée par Stanislas, roi de Pologne et duc de Lorraine, en 1751 : combien y a-t-il d'années qu'elle existe?

Réponse. Le temps demandé doit exprimer toutes les années qui se sont écoulées depuis 1751 jusqu'à l'année actuelle 1831 ; on obtiendra donc en retranchant 1751 de 1831 ; ce qui donne 80 ans pour réponse.

IV. Un négociant a employé 34805f,75c dans une entreprise, dont il est sorti avec 40789f,25c. On demande quel a été son bénéfice ?

Réponse. Le bénéfice est 5980f,50c.

V. La seconde race des rois de France a commencé à Pépin, en 752, et a fini à la mort de Louis V, en 987. Combien d'années a-t-elle régné ?

Réponse. Cette dynastie a gouverné pendant le temps qui s'est passé depuis l'année 752 à 987 ; c'est-à-dire durant 235 ans.

VI. Deux marchands ont placé ensemble 25060f,50c dans une spéculation de commerce : la mise du premier s'élevait à 9872f,65c ; quelle était celle du second ?

On résoudra cette question et les suivantes.

VII. Un ouvrier a fait 407m,05 d'un ouvrage qui doit renfermer 1289m,6 : combien lui en reste-t-il à effectuer ?

VIII. Newton, célèbre géomètre anglais, naquit en 1642 ; il mourut en 1727 : pendant combien d'années a-t-il vécu ?

IX. On sait que la distance de Marseille à Paris, en passant par Lyon, est de 65 myriamètres 826 décamètres ; et que celle de Marseille à Lyon est de 26 myriamètres 901 décamètres. Quelle est la distance de Lyon à Paris.

X. Le duché de Lorraine fut réuni à la couronne de France sous Louis XV, en 1737 : combien y a-t-il d'années ?

LEÇON VIII.e

MULTIPLICATION.

45. La *Multiplication* a pour but de répéter ou prendre un nombre appelé *multiplicande*, autant que l'indique un autre nombre, appelé *multiplicateur*, pour obtenir un résultat auquel on a donné le nom de *produit*.

Le *multiplicande* et le *multiplicateur* se nomment ensemble *facteurs* du produit.

Multiplier 8 par 3, c'est donc répéter 3 fois le multiplicande 8; et multiplier 8 par 0,3, c'est prendre les trois dixièmes d'une fois le nombre 8, ou le dixième de 8, répété 3 fois : dans le premier exemple, 24 est le produit des *facteurs* 8 et 3 ; dans le second, on a 2,4.

46. D'après cela, on conçoit que dans le cas de la multiplication des nombres entiers et même des fractions décimales, il suffirait d'écrire le multiplicande autant de fois qu'il est marqué par le multiplicateur, puis de faire l'addition (*); mais cette manière d'opérer deviendrait impraticable par sa longueur quand le multiplicateur serait très-grand ; c'est pourquoi on a imaginé la *Multiplication*, qui n'est qu'un moyen plus simple de parvenir au même résultat.

47. De la définition de la Multiplication, il suit :

1.° Que le produit sera toujours de même nature que le multiplicande, puisqu'il se compose de ce facteur pris un certain nombre de fois.

2.° Que le produit est *zéro*, quand l'un de ses facteurs est *zéro*. Car zéro, répété autant que l'on voudra, ne donne que zéro ; et si le multiplicateur est nul, il n'y a ni multiplication ni produit.

48. Cela posé, examinons d'abord les règles qu'il faut suivre pour multiplier deux nombres entiers, soit que chaque facteur n'ait qu'un chiffre ; soit que l'un des deux en renfermant plusieurs, l'autre n'en renferme qu'un seul ; soit enfin que tous deux en contiennent plusieurs. Ces principes connus, il nous sera facile de les appliquer à la multiplication des fractions décimales.

49. Premièrement, on peut obtenir le produit de deux nombres simples par l'addition (46), ou le chercher avec la table suivante, qui porte le nom de *Pythagore*, son inventeur, et dont il faut se graver dans la mémoire tous les différens produits, à cause de l'usage continuel qu'on en fait dans la pratique.

(*) Exemples : 1° Voulant multiplier 8 par 3, on écrirait

```
                8
                8
                8
               ---
et la somme. . . . . . 24
serait le produit cherché.
```

2° Pour multiplier 8 par 0,3, on écrirait le dixième de 8, ou 0,8, trois fois :

```
               0,8
               0,8
               0,8
               ---
la somme. . . . . . . . 2,4
exprimerait le produit de 8 par 0,3.
```

On voit, par ces exemples, que le second cas ne nécessite qu'une simple transposition de virgule pour être ramené au premier.

TABLE DE PYTHAGORE.

Sens horizontal.

Sens vertical.

1	2	3	4	5	6	7	8	9
2	4	6	8	10	12	14	16	18
3	6	9	12	15	18	21	24	27
4	8	12	16	20	24	28	32	36
5	10	15	20	25	30	35	40	45
6	12	18	24	30	36	42	48	54
7	14	21	28	35	42	49	56	63
8	16	24	32	40	48	56	64	72
9	18	27	36	45	54	63	72	81

Cette table est formée de neuf bandes horizontales dont chacune contient neuf cases.

On remplit les cases de la première bande, en y écrivant les nombres 1, 2, 3, 4, 5, 6, 7, 8, 9.

Les cases de la 2.e bande se remplissent par les nombres qu'on obtient en ajoutant successivement 2 à lui-même.

Celles de la 3.e bande se remplissent par les nombres qui résultent des additions successives du nombre 3 avec lui-même.

Et on obtient pareillement ceux qui occupent les cases des autres bandes, au moyen des nombres 4, 5, 6, 7, 8 et 9.

Maintenant, pour employer cette table à la détermination du produit de deux nombres simples, on cherche le multiplicande parmi les nombres qui composent la première ligne horizontale, et le multiplicateur parmi ceux de la première ligne verticale, ou réciproquement; le nombre qui correspond à la fois à ces deux facteurs est leur produit.

Par exemple, ayant à trouver le produit de 8 par 7, on prend 8 dans la première ligne horizontale, 7 dans la première ligne verticale, et le nombre 56, qui répond à tous deux, est le produit de 8 par 7.

50. En prenant le multiplicateur 7 dans la première ligne horizontale, et le multiplicande 8 dans l'autre, le résultat est encore 56. Mais, par ce moyen, on a le produit de 7 par

8; en sorte que $8 \times 7 = 7 \times 8$. D'où il résulte que *le produit de deux nombres entiers est toujours le même, soit qu'on prenne le multiplicande pour le multiplicateur, ou réciproquement.*

51. Puisque le produit de deux nombres ne change pas en intervertissant l'ordre des facteurs, il s'ensuit :

1.° Que si l'un des facteurs est l'unité, le produit sera précisément égal à l'autre facteur.

2.° Que si l'on rend l'un des facteurs 2, 3, 4, etc., fois plus grand ou plus petit, le produit devient lui-même 2, 3, 4, etc., fois plus grand ou plus petit ; car il vaut alors l'autre facteur pris 2, 3, 4, etc., fois plus ou moins qu'auparavant.

3.° Enfin, qu'en rendant l'un des facteurs un certain nombre de fois plus grand, et l'autre facteur autant de fois plus petit, on n'altère pas la valeur du produit. Car la seconde de ces opérations détruit évidemment l'effet de la première.

52. II.° Cas. Lorsque le multiplicande est un nombre composé et le multiplicateur un nombre simple, il faut *placer le multiplicateur sous les unités du multiplicande ; souligner le tout, pour en séparer le produit ; multiplier successivement, en commençant par la droite, tous les chiffres du multiplicande par le multiplicateur ; écrire chaque produit partiel au-dessous, lorsqu'il ne passe pas 9; retenir les dixaines, s'il en contient, pour les ajouter au produit suivant, et continuer ainsi jusqu'au dernier chiffre du multiplicande, sous lequel on écrit le produit tel qu'on le trouve.*

En opérant de cette manière, on obtient évidemment le produit des deux nombres proposés, car on répète toutes les parties qui composent le multiplicande, et par conséquent le multiplicande entier, autant de fois qu'il est marqué par le multiplicateur.

53. Pour appliquer la règle précédente à la Multiplication de 8913 par 6, on disposera l'opération comme il suit :

Multiplicande.	8 9 1 3
Multiplicateur	6
Produit. . . . . :	5 3 4 7 8

puis on procédera, en disant : 6 fois 3 font 18 ; on écrit 8 et on retient 1 ; 6 fois 1 font 6, et 1 de retenu font 7, on écrit 7 ; 6 fois 9 font 54, alors on écrit 4 et on retient 5 ; enfin, 6 fois 8 font 48, et 5 de retenus valent 53, nombre qu'on écrit tout entier, parce que 8 est le dernier chiffre du multiplicande ; de sorte que 53478 est le produit de 8913 par 6.

Voici encore quelques exemples :

	324795	492958	2034008
	3	7	9
Produits. . . .	974385	3450706	18306072

Remarque. Si le multiplicande est un nombre simple et le

multiplicateur un nombre composé, *on change l'ordre des facteurs*, chose possible sans altérer la valeur du produit (50), *et l'opération est ramenée au cas précédent.*

Par exemple, qu'on demande le produit de 8 par 94527 : on prend le multiplicande pour le multiplicateur, et alors il vient 94527 à multiplier par 8; opérant comme ci-dessus, on trouve 756216 pour produit.

LEÇON IX.°

Suite de la Multiplication. Cas particulier. Preuve et usages de cette règle. Questions.

54. III.° Cas. Enfin, pour multiplier deux nombres composés, il faut *placer le multiplicateur au-dessous du multiplicande, en écrivant les unités de même ordre les unes au-dessous des autres; souligner le tout; multiplier le multiplicande entier successivement par chaque chiffre du multiplicateur, considéré comme des unités simples* (52); *placer le premier chiffre de chaque produit partiel dans le rang de celui par lequel on multiplie* (*), *et faire la somme des produits partiels, qui sera le produit des deux nombres proposés.*

En suivant cette règle, il est évident qu'on répète le multiplicande autant de fois qu'il est marqué par les unités, dixaines, centaines, etc., du multiplicateur, et conséquemment par le multiplicateur entier; donc la règle énoncée est exacte.

55. Qu'il s'agisse de multiplier 9567 par 438.

Multiplicande.	9567
Multiplicateur	438
Produits partiels. . . . . {	76536
	28701
	38268
Produit total.	4190346

Après avoir placé le multiplicateur 438 au-dessous du multiplicande 9567, comme l'indique la règle, on multiplie 5967 par les 8 unités du multiplicateur, ce qui donne 76536 unités pour 1.er produit partiel, qu'on écrit au-dessous du trait en plaçant son premier chiffre 6 dans le rang des unités; on multiplie de même 9567 par le chiffre 3 du multiplicateur, et on obtient 28701 dixaines pour 2.e produit partiel, lequel s'écrit sous le premier produit obtenu, mais en plaçant le chiffre 1 au rang des dixaines; on multi-

(*) Ici le produit du multiplicande par les *unités* du multiplicateur forme le *premier produit partiel*, c'est celui des *unités simples*; le produit du multiplicande par les *dixaines* du multiplicateur donne le *second produit partiel*, ses plus faibles unités sont des *dixaines*; et ainsi des autres: c'est pourquoi il faut avoir bien soin d'écrire le premier chiffre de chaque produit partiel au rang des *unités*, *dixaines*, *centaines*, *etc.*, suivant qu'on multiplie par les *unités*, *dixaines*, *centaines*, *etc.*, du multiplicateur.

plie encore 9567 par les 4 centaines du multiplicateur, le résultat donne 38268 centaines pour 3.e et dernier produit partiel, qu'il faut écrire sous le second, en plaçant son premier chiffre 8 sous les centaines; enfin, faisant la somme de ces produits partiels, on trouve 4190346 pour le produit de 9567 par 438.

On fera bien de répéter les multiplications suivantes:

```
   15489          560782          8200507
     274             549              836
  ------         -------         --------
   61956         5047038         49203042
  108423        2243128         24601521
  30978        2803910         65604056
  -------      ---------      ----------
  4243986      307869318      6855623852
```

56. Lorsqu'il y a des zéros entre les chiffres significatifs du multiplicateur, on observe que la multiplication d'un nombre quelconque par o ne donnant aucun produit (47), il est inutile de considérer ces zéros; il faut seulement *multiplier par les chiffres significatifs, en suivant les règles données.*

```
EXEMPLE.      Multiplier. . . . . . . . . . . .  4679458
              par. . . . . . . . . . . . . . .   2030004
                                        -----------------
                                  {        18717832
Produits partiels. . .            {     14038374
                                  {   9358916
                                        -----------------
Produit total. . . . . .                9499318457832
```

57. Si l'un des facteurs était suivi de 1, 2, 3, etc., zéros, *on multiplierait sans y avoir égard, puis on en écrirait à la droite du premier produit obtenu, autant qu'il s'en trouve dans ce facteur.*

En opérant sans faire attention aux zéros, on rend le facteur qui les contient, et conséquemment le produit lui-même, 10, 100, 1000, etc., fois plus petit (9—51); pour ramener ce dernier à sa valeur, il suffit de le rendre 10, 100, 1000, etc., fois plus grand; ce que l'on fait (9) en écrivant à sa droite les zéros qu'on n'avait pas considérés d'abord.

58. Il est facile de conclure de là, que *quand le multiplicande et le multiplicateur seront tous deux terminés par des zéros, on devra faire la multiplication sans y avoir égard, en observant seulement d'en écrire, à la droite du produit trouvé, autant qu'il y en a dans les deux facteurs.*

59. Voici des exemples relatifs aux règles précédentes.

```
               35849          8600          598000
               26000            73            4700
             -------        ------       ---------
              215094           258           4186
              71698            602           2392
             -------        ------       ---------
Produits. .  932074000       627800       2810600000
```

60. Lorsqu'on a le produit de plus de deux nombres à former, *on multiplie d'abord le premier par le second, ensuite*

le produit obtenu par le troisième, puis ce nouveau résultat par le quatrième, et ainsi de suite jusqu'à ce qu'on ait épuisé tous les facteurs.

Par exemple, ayant à trouver le produit des nombres 5, 6, 7, 8 et 9; on multipliera 5 par 6, le résultat 30 par 7, puis 210 par 8, et 1680 par 9, ce qui donnera 15120 pour le produit cherché.

REMARQUE. Il est utile de se rappeler toujours que répéter un nombre 2 fois, 3 fois, 4 fois, etc., signifie la même chose que le *doubler*, le *tripler*, le *quadrupler*, etc.; et que les divers produits qu'on obtient sont des *multiples* de ce nombre.

61. Supposons maintenant que les facteurs soient tous deux des *fractions décimales*. Alors on pourra *opérer sans faire attention à la virgule, et séparer sur la droite du produit autant de décimales qu'il y en a dans les facteurs proposés.*

En multipliant sans faire attention à la virgule, on rend chaque facteur autant de fois 10 fois plus grand qu'il renferme de décimales (9), et le produit a subi la même augmentation (51); mais, en séparant sur la droite de celui-ci un nombre de décimales égal à celui qui se trouve dans les deux facteurs, il devient autant de fois plus petit qu'il avait été d'abord rendu de fois plus grand; ce qui rétablit la valeur du premier résultat et fait qu'on obtient le vrai produit des fractions proposées.

Il est entendu que, si l'un des facteurs était un nombre entier, il ne faudrait séparer au produit qu'autant de décimales qu'il y en a dans l'autre.

62. On peut s'exercer sur les exemples suivans:

Multiplicandes. .	0,0858	0,00583	140679
Multiplicateurs. .	0,0264	2907	3,28
	1432	4081	1125432
	6148	5247	2813558
	716	1166	422037
Produits. . . .	0,00094512	16,94781	461427,12

63. S'il arrivait qu'on eût à multiplier une fraction décimale par un nombre entier suivi de zéros; *on multiplierait d'abord par la partie significative du multiplicateur, puis on avancerait la virgule dans le produit d'autant de places vers la droite qu'il y a de zéros à la suite de cette même partie.*

Ainsi, pour obtenir le produit de 0,00986 par 140000, on multiplie d'abord 0,00986 par 14, ce qui donne 0,13804; on avance ensuite la virgule de 4 places vers la droite, parce que la partie significative 14 du multiplicateur est suivie de 4 zéros; de manière qu'on a 1380,4 pour le résultat demandé.

On trouverait semblablement que le produit de 0,45 par 600000 est 270000.

Preuve.

64. On peut s'assurer de l'exactitude d'un produit, en recommençant la Multiplication, après avoir changé l'ordre des facteurs, et l'opération doit donner le même résultat que celui obtenu en premier lieu (50).

L'exemple suivant servira d'application.

Multiplication.	*Preuve.*
4605	278
278	4605
36840	1390
32235	1668
9210	1112
1280190	1280190

On verra plus loin que la Division s'emploie directement pour vérifier la Multiplication.

Usages de la Multiplication.

65. Les usages de la Multiplication sont nombreux et variés: elle sert à résoudre une infinité de questions utiles qui toutes peuvent se ramener plus ou moins facilement à celles-ci :

1.° *Etant donnée la valeur d'une unité, déterminer celle de plusieurs unités semblables.*

2.° *Trouver combien plusieurs unités d'un certain ordre valent d'unités d'un ordre inférieur.*

QUESTIONS SUR LA MULTIPLICATION.

I. On demande combien une année commune de 365 jours contient d'heures.

Réponse. Le jour renfermant 24 heures, il est évident qu'on doit répéter ce nombre d'heures 365 fois, c'est-à-dire multiplier 24 heures par 365; ce qui donne 8760 heures pour réponse.

II. Deux ouvriers, travaillant ensemble, font 58 mètres d'un certain ouvrage par jour; combien en feront-ils dans l'espace de 30 jours?

Réponse. Ils feront 58 mètres répétés autant de fois qu'ils travailleront de jours, c'est-à-dire $58^{m} \times 30$, ou 1740 mètres.

III. Le tonneau de mer pesant 2000 livres, on demande la charge d'un navire qui en contient 784.

Réponse. Ce bâtiment porte 2000 livres prises 784 fois, ou 1568000 livres.

IV. Dans une entreprise faite par un négociant, un franc lui a rapporté $0^{f},15^{c}$ de bénéfice; les fonds employés s'élevaient à 48500 francs; quel a été son bénéfice?

Réponse. 7275 francs.

V. Un laboureur a vendu 368 mesures de blé, à raison de $27^{f},35^{c}$ chacune; combien lui doit-on?

On résoudra cette question et les suivantes.

VI. Dix bûcherons peuvent abattre ensemble 270 pieds d'arbres par jour; combien en couperont-ils en 40 jours?

VII. La colonne élevée à la gloire des armées françaises sur la place Vendôme, à Paris, est haute de 133 pieds; on désire connaître sa hauteur en pouces.

VIII. Une fontaine fournit 7 hectolitres 85 litres d'eau par heure; combien s'en écoule-t-il dans l'espace de 38 heures?

IX. Quelqu'un a fait emplette de $48^{m},25^{c.m.}$ de toile, à raison de $3^{f},48^{c}$ le mètre; on demande à combien se monte sa dépense.

X. En partageant un bénéfice entre des associés, on a trouvé que chaque franc du capital avait rapporté $1^{f},135^{c}$, tant en principal qu'en bénéfice; on demande ce que doit retirer un d'entre eux qui avait placé $10050^{f},60^{c}$.

LEÇON X.e

DIVISION.

66. La Division est une opération par laquelle on trouve combien de fois un nombre en contient un autre : le premier se nomme *dividende*, le second *diviseur*, et le résultat s'appelle *quotient*.

67. D'après cette définition, on sent qu'un nombre ne peut être contenu dans un autre qu'autant de fois qu'il est possible de l'en ôter; ainsi la soustraction doit servir à la recherche du quotient, et être considérée comme la base de la Division.

En effet, qu'on veuille diviser 27 par 9, on retranchera 9 de 27, ce qui donne 18 pour reste; de 18, on retranchera une seconde fois 9, il restera 9; enfin, de 9 ôtant encore 9, on trouve 0; et comme il ne reste plus rien et qu'on a fait trois soustractions, on en conclut que 9 est contenu exactement trois fois dans 27, ou que 3 est le quotient de 27 divisé par 9. De là $27=9\times3$.

Si on s'était proposé pour exemple de diviser 21 par 8, après deux soustractions on aurait trouvé le reste 5, trop faible pour en pouvoir encore retrancher 8. Dans ce cas, le quotient eût été 2 avec un reste 5; de sorte que

$$21=8.2+5.$$

On voit donc qu'une suite de soustractions suffirait pour déterminer le quotient de deux nombres; mais comme cette manière d'opérer deviendrait extrêmement longue et pénible chaque fois que le dividende serait très-grand relativement au diviseur, on a inventé la *Division*, qui n'est qu'un moyen abrégé de faire ces soustractions.

68. Il suit évidemment de ce qui précède que, dans le cas d'une division sans reste, le dividende se compose du diviseur pris autant de fois que le quotient renferme l'unité; ce qu'on exprime en ces termes : *le produit du Diviseur par le quotient est égal au Dividende.*

Si la division a laissé un reste, il doit être ajouté au produit du diviseur par le quotient approché pour former le dividende ; on dit alors que *le diviseur multiplié par le quotient donne un produit qui, augmenté du reste, égale le dividende.*

69. Quand la division laisse un reste, elle présente un cas particulier, celui *de diviser un nombre par un autre plus grand.* Alors voici comment on parvient au résultat.

On conçoit chaque unité du dividende décomposée en autant de parties égales que l'indique le diviseur ; et cette nouvelle unité, qui est réellement le quotient de 1 divisé par le diviseur, prise autant de fois que le dividende contient l'unité, forme le quotient cherché.

Dans la division précédente qui a laissé le reste 5, on conçoit donc chacune des unités de 5 décomposée en 8 *huitièmes* ou $\frac{8}{8}$ (10), nombre qui contient 1 fois 8 et donne conséquemment $\frac{1}{8}$ pour quotient de sa division par 8 ; en sorte que les 5 unités du dividende décomposées en 5 fois $\frac{8}{8}$ produiront évidemment 5 fois $\frac{1}{8}$ ou $\frac{5}{8}$ pour le vrai quotient de la division du reste ou nombre 5 par 8.

Si donc on ajoute ce nouveau résultat $\frac{5}{8}$ au quotient 2 obtenu primitivement, on le complétera, et on aura $2 + \frac{5}{8}$ pour le quotient exact et sans reste du nombre 21 divisé par 8.

Alors, on pourra dire, comme quand la Division est sans reste, que *le produit du diviseur par le quotient, égale le dividende.*

Il suit de là que le dividende peut être regardé comme le produit d'une multiplication dont le *diviseur* et le *quotient* sont les *facteurs*, et dire enfin que *diviser un nombre par un autre, c'est, étant donnés un produit et l'un de ses facteurs, déterminer le second facteur.*

70. Actuellement, voyons les règles qu'il faut suivre pour effectuer exactement une division dans tous les cas possibles.

71. I.er Cas. Lorsque le dividende est au-dessous de 90, et que le diviseur étant un nombre simple, le quotient ne doit avoir aussi qu'un seul chiffre, on peut obtenir ce dernier ou par la Soustraction, comme précédemment, ou au moyen de la table de Pythagore, en se conduisant ainsi qu'on va l'indiquer, ce qui est beaucoup moins long.

Par exemple, pour diviser 42 par 7, on cherche le diviseur 7 dans la 1.re ligne horizontale de la table, puis descendant verticalement jusqu'à ce que l'on rencontre le dividende 42, le chiffre 6 de la 1.re ligne verticale qui lui correspond est le quotient cherché.

Si le dividende ne se trouvait pas dans la table, c'est qu'il ne serait pas exactement divisible par le diviseur proposé ; alors, on ne pourrait obtenir qu'un quotient approché ou qui différerait du véritable moins que d'une unité, et pour cela on s'arrêterait au-dessous du diviseur sur le nombre immédiatement plus petit que le dividende, et le chiffre placé à gauche dans la première ligne verticale déterminerait le quotient.

Soit proposé de diviser 37 par 8. Dans la huitième colonne verticale, on cherche le nombre 32 qui est immédiatement plus petit que 37 ; et comme à la gauche de 32 répond le chiffre 4 dans la 1.re colonne verticale, il en résulte que 4 est le quotient approché de 37 par 8, ou la partie entière du quotient de ces deux nombres.

REMARQUE. Il est essentiel de se rendre familière la pratique de cette première division, parce qu'elle est la base des divisions plus compliquées qui vont suivre.

72. II.e CAS. Lorsque le dividende est un nombre composé et le diviseur un nombre simple, il faut *placer le diviseur à la droite du dividende; séparer l'un de l'autre par un trait vertical; chercher combien de fois le diviseur est compris dans le premier chiffre, ou, s'il est nécessaire, dans les deux premiers chiffres à gauche du dividende; écrire ce résultat, qui est le premier quotient partiel au-dessous du diviseur en l'en séparant par un trait; multiplier le diviseur par ce quotient; soustraire le produit du premier dividende partiel* (*) *; à la droite du reste, abaisser le chiffre suivant du dividende, ce qui forme un second dividende partiel sur lequel on opère comme sur le précédent, ayant soin d'écrire le nouveau quotient partiel à la droite du premier; continuer ainsi l'opération jusqu'à ce qu'on ait épuisé tous les chiffres du dividende proposé.*

En suivant ce procédé, on est sûr de trouver combien de fois le diviseur est contenu dans chacun des dividendes partiels qui composent le dividende total, et conséquemment le nombre de fois qu'il est compris dans ce même dividende ; donc le résultat obtenu est le quotient cherché.

73. Soit proposé de diviser 7614 par 9.

Dividende..........	7614	Diviseur......	9
	72	Quotient...	846
2e dividende partiel......	41		
	36		
3e dividende partiel.......	54		
	54		
Reste......................	0		

Après avoir disposé l'opération comme ci-dessus, on commence par prendre les deux premiers chiffres à gauche du dividende pour en former le premier dividende partiel, parce que le premier chiffre 7 est plus petit seul que le diviseur 9 ; on cherche ensuite combien de fois 76 contient 9, on trouve 8, qu'on écrit au-dessous du diviseur ; on multiplie 9 par 8, et le produit 72 étant soustrait de 76, laisse 4 pour reste,

(*) Le *premier dividende partiel* est généralement le nombre exprimé par tous les chiffres qu'il faut prendre sur la gauche du dividende total pour contenir le diviseur.

à la droite duquel abaissant le chiffre 1 du dividende, on a 41 pour second dividende partiel : cherchant alors combien de fois 41 contient 9, on obtient 4 pour deuxième quotient partiel, lequel s'écrit à la droite du premier; retranchant le produit 9×4 ou 36 de 41, il reste 5, à sa droite on abaisse le chiffre 4 du dividende, ce qui donne 54 pour troisième et dernier dividende partiel : divisant enfin 54 par 9, on trouve 6, qu'on écrit encore à la droite du quotient précédent; et comme après avoir ôté le produit 9×6 ou 54 du troisième dividende partiel, il ne reste rien, on en conclut que 9 est compris exactement 846 fois dans le nombre 7614.

74. Si dans le cours de l'opération, il arrivait qu'un dividende partiel fût trop petit pour contenir le diviseur, ce serait une preuve que le quotient cherché ne renfermerait pas d'unités de l'ordre de ce dividende; alors on écrirait un zéro au quotient pour tenir la place de ces unités, puis on continuerait l'opération comme à l'ordinaire (*).

L'exemple ci-dessous est relatif à ce cas.

Dividende	1524027	Diviseur. 3
	15	Quotient. . . 508009
2.e et 3.e dividendes partiels.	024	
	24	
4.e, 5.e et 6.e dividendes partiels	0027	
	27	
Reste.	0	

LEÇON XI.e

SUITE DE LA DIVISION.

75. III.e Cas. Quand le dividende et le diviseur sont tous deux des nombres composés, *on les dispose comme dans le cas précédent; on prend sur la gauche du dividende autant de chiffres qu'il en faut pour contenir le diviseur, puis on cherche combien de fois le premier chiffre à gauche du diviseur est compris dans le premier ou les deux premiers chiffres aussi à gauche du premier dividende partiel; le quotient que l'on trouve d'abord n'est qu'approché et a besoin d'être vérifié. Pour cela, on multiplie le diviseur par ce quotient; si le produit qu'on obtient ne peut être soustrait du dividende partiel employé, c'est une preuve que le quotient est trop grand; dans ce cas, on le diminue successivement d'autant d'unités qu'il est nécessaire pour que la Soustraction puisse s'effectuer : mais s'il arrivait que la Soustraction, au lieu d'être impossible, donnât un reste qui ne fût pas moindre que le diviseur, le quotient alors serait trop petit;*

(*) Il est entendu que cela se pratique chaque fois qu'un dividende partiel est plus petit que le diviseur.

il faudrait l'augmenter d'une unité, et l'augmenter toujours d'une unité jusqu'à ce que le reste devînt plus petit que le diviseur. Après cette vérification, le vrai quotient étant déterminé, on l'écrit au-dessous du diviseur qu'on multiplie par ce quotient, et on soustrait le produit du dividende partiel. A la droite du reste, on abaisse le chiffre suivant du dividende total, pour en former un second dividende partiel, sur lequel on opère comme sur le premier; on continue ainsi jusqu'à ce que tous les chiffres du dividende proposé soient épuisés, ayant soin d'écrire chaque nouveau chiffre du quotient à la droite du précédent.

En observant cette règle, on trouve évidemment combien de fois le diviseur est compris dans le dividende; car on détermine successivement le nombre de fois qu'il est compris dans chaque dividende partiel, et par suite dans le dividende total.

EXEMPLE.

On demande le quotient de la Division de 246092 par 658.

Dividende.	246092	Diviseur. 658
	1974	Quotient. 374
2e dividende partiel.	4869	
	4606	
3e dividende partiel.	2632	
	2632	
Reste.	0	

Ayant placé 658 à côté de 246092, on prend les quatre premiers chiffres à gauche du dividende, pour former le 1.er dividende partiel, puis on dit: en 24 combien de fois 6, on trouve 4 fois; mais le produit 658 × 4 ou 2632 étant trop fort pour être retranché du dividende partiel 2460, il faut diminuer le quotient 4 d'une unité, puis essayer 3; et parce que le nouveau produit 658 × 3 ou 1974 peut être soustrait de 2460, et que cette soustraction donne un reste moindre que le diviseur, on conserve 3 pour le premier quotient partiel, qu'on écrit au-dessous du diviseur. A la droite du reste 486, on abaisse le chiffre 9 du dividende, ce qui donne 4869 pour second dividende partiel; cherchant alors combien de fois 48 contient 6, on trouve, comme précédemment, que 8 est trop grand, mais que 7 convient; c'est pourquoi on écrit 7 à la droite du quotient 3 obtenu d'abord; on soustrait ensuite le produit 658 × 7 ou 4606 de 4869, et on a 263 pour reste. Enfin, ayant abaissé à la droite de 263 le dernier chiffre 2 du dividende, on dit encore: en 26 combien de fois 6, on trouve 4, qui n'est ni trop grand, ni trop petit; on écrit donc 4 à la droite du quotient 7, on ôte le produit 658 × 4 ou 2632 du dividende partiel 2632, et il reste 0. D'où il résulte que 374 est le quotient exact de 246092 divisé par 658.

Les exemples suivans pourront servir à s'exercer.

7632 (8	7598148 (3158	63173781482 (485926
72 (954	6316 (2406	485926 (130007
43	12821	1458118
40	12632	1457778
32	18948	3401482
32	18948	3401482
0	0	0

76. Enfin, si le dividende était plus petit que le diviseur, on obtiendrait le quotient comme il a été précédemment expliqué (69); ce qui revient *à écrire les deux nombres sous la forme d'une fraction* (10), *laquelle en exprime réellement la valeur.*

Par exemple, ayant à diviser 15 par 29, on trouverait $\frac{15}{29}$ pour résultat, lequel représente également le quotient de la division de 15 par 29, et une fraction ayant pour numérateur le dividende et pour dénominateur le diviseur.

77. On a vu (69), comment ce dernier cas donnait un moyen de compléter le quotient d'une division qui ne pouvait s'effectuer sans reste.

Voici un exemple pour servir d'application.

Dividende.	40867	*Diviseur.* . . . 45.
	405	*Quotient.* . . 908 + $\frac{7}{45}$
2e et 3e dividendes partiels	367	
	360	
Reste.	7	

78. Il faut se souvenir que rendre un nombre 2, 3, 4, 5, etc., fois plus petit, ou en prendre *la moitié, le tiers, le quart, le cinquième, etc.*, c'est le diviser par 2, 3, 4, 5, etc.

Ainsi, voulant rendre 5 fois plus petit le nombre 40, ou en prendre le *cinquième*, on divise 40 par 5 et on obtient 8 pour résultat.

79. La division considérée sous le premier point de vue qu'elle a été présentée (66), et auquel on ramène tous les autres, en fait déduire des conséquences utiles, dont voici les principales.

Il s'ensuit donc,

1.° Qu'en rendant le *dividende* 2, 3, 4, etc., fois plus grand ou plus petit, le *quotient* devient lui-même 2, 3, 4, etc., fois plus grand ou plus petit; car le diviseur se trouvera compris 2, 3, 4, etc., fois *plus* ou *moins* dans le nouveau dividende;

2.° Qu'en multipliant ou divisant le *diviseur* par 2, 3, 4, etc., on divise ou multiplie le *quotient* par ces mêmes nombres; puisqu'alors le nouveau diviseur sera contenu 2, 3, 4, etc., fois *moins* ou *plus* dans le dividende.

80. De là il résulte que si l'on multiplie ou divise à la fois le

dividende et le diviseur par 2, 3, 4, etc., le quotient ne changera point ; car les effets des deux opérations semblables, agissant en sens contraire, se détruisent réciproquement.

On peut donc poser ce principe, que *le quotient ne change pas de valeur, lorsqu'on multiplie ou qu'on divise le dividende et le diviseur par un même nombre.*

81. Quand le dividende et le diviseur sont terminés par des zéros, on abrége la Division *en effaçant sur la droite de chacun autant de zéros qu'il y en a dans celui des deux nombres qui en renferme le moins.*

Par cette opération, le dividende et le diviseur se trouvent divisés par un même nombre ; ce qui ne change pas la valeur du quotient.

Soit à diviser 35000000 par 50000 : on efface 4 zéros sur la droite de chaque nombre, on divise ensuite 3500 par 5, et on a 700 pour le quotient cherché.

82. La division des *fractions décimales* se ramène très-facilement à celle des nombres entiers.

La règle consiste à *multiplier le dividende et le diviseur par l'unité suivie d'autant de zéros qu'il y a de décimales dans celle des deux fractions qui en renferme le plus.*

Par cette opération on transforme évidemment les fractions proposées en des nombres entiers qui, étant divisés l'un par l'autre, donnent le même quotient que celui qu'on obtiendrait par la division des fractions elles-mêmes ; puisque, pour passer des unes aux autres, on n'a fait que multiplier le dividende et le diviseur par un même nombre (80).

83. Ayant donc à diviser 0,79 par 0,00025, on multiplie ces deux fractions par l'unité suivie de cinq zéros, ou 100000, ce qui les change respectivement en ces deux nombres entiers 7900 et 25 ; puis, en les divisant, on trouve 3160 pour quotient, qui est celui des fractions proposées.

On trouverait de même que

$$\frac{27,6}{0,075} = \frac{27600}{75} = 368 \,;\quad \frac{5292}{7,84} = \frac{529200}{784} = 675, \text{ etc.}$$

84. Afin d'abréger le calcul, on modifie la règle précédente,

1.° Lorsque le diviseur est un nombre entier ;

2.° Quand le dividende renferme plus de décimales que le diviseur.

Dans le premier cas, *on divise sans avoir égard à la virgule, et l'on sépare ensuite sur la droite du quotient autant de chiffres décimaux qu'il y en a dans le dividende.*

Par exemple, voulant trouver le quotient de 34,572 par 129, on divise 34572 par 129 ; puis, sur la droite du quotient 268, on sépare trois décimales, ce qui donne 0,268 pour le quotient cherché.

En effet, en divisant sans faire attention à la virgule, on rend (79) le dividende et par conséquence le quotient 1000 fois plus grands ; il faut donc, après l'opération, rendre le quotient 1000 plus petit, ce que l'on fait en séparant trois chiffres décimaux sur sa droite, c'est-à-dire, autant de décimales qu'il y en a dans le dividende.

Il est facile de généraliser ce raisonnement.

Dans le second cas, *on commence par ramener le diviseur à un nombre entier, en multipliant les deux nombres proposés par l'unité suivie d'autant de zéros qu'il y a de décimales dans le diviseur ; cela fait, l'opération est ramenée au cas précédent.*

La démonstration de ce procédé est évidente.

Qu'on propose, par exemple, de diviser 20,654082 par 8,94 : on multipliera ces deux nombres par 100, ce qui les changera en 2065,4082 et 894 ; puis en effectuant la division de ceux-ci, on trouvera 2,3103 pour le quotient demandé.

L'élève fera bien de recommencer les divisions suivantes:

1.° $\frac{32597}{4,625} = \frac{32597000}{4625} = 7048$; 2.° $\frac{6875,3268}{1356} = 5,0703$;

3.° $\frac{14,43654}{5,193} = \frac{14436,54}{5193} = 2,78$; 4.° $\frac{0,16014}{00,003778} = \frac{1601400}{3768} = 425$.

85. Si le diviseur était un nombre entier suivi de quelques zéros, *on diviserait d'abord par la partie significative du diviseur ; ensuite on diviserait le quotient trouvé par l'unité suivie d'autant de zéros qu'il y en a dans ce même diviseur.*

Par exemple, pour trouver le quotient de 73456,95 par 15000, on divise 73456,95 par 15, ce qui donne 4897,13 ; divisant ensuite 4897,13 par 1000, on obtient 4,89713 pour le résultat de la division proposée.

On trouverait pareillement que le quotient de 6892 par 4000 est 1,723.

LEÇON XII.°

Approximation des Quotiens. Conversion des Fractions ordinaires en fractions décimales. Preuve et usages de la Division. Questions.

DE L'APPROXIMATION DES QUOTIENS.

86. *Approcher* du quotient de deux nombres, c'est en calculer la valeur de manière qu'il ne diffère pas du véritable d'une unité décimale d'un ordre désigné.

87. *Approcher* du quotient à un *dixième*, un *centième*, un *millième*, etc., près, c'est donc en trouver la valeur exacte à moins d'un *dixième*, d'un *centième*, d'un *millième*, etc.

Pour y parvenir, il faut multiplier le reste de la division par 10, *ou par* 100, *ou par* 1000, *etc., suivant qu'on veut avoir le quotient à un* dixième, *un* centième, *un* millième *près ; continuer la division à l'ordinaire, et séparer, sur la droite du quotient*, 1, *ou* 2, *ou* 3, *etc., chiffres décimaux.*

En opérant ainsi, on ne change pas la valeur du quotient; car si d'un côté on rend le dividende 10, 100, 1000, etc., fois plus grand, de l'autre on rend le quotient autant de fois plus petit ; ce qui établit une compensation qui empêche de faire varier la valeur de celui-ci.

Qu'on ait, par exemple, à diviser 325 par 136, et qu'il s'agisse d'approcher de la valeur du quotient à moins d'un *millième*.

OPÉRATION.

Dividende.	325	Diviseur. . 136
	272	Quotient. . . 2,389
Reste.	53000	
sur la droite duquel on a écrit 3 zéros, pour le multiplier par 1000.	408	
	1220	
	1088	
	1320	
	1224	
	96	

Le reste de la division de 325 par 136 étant 53, on le multiplicra par 1000, puisqu'on demande le quotient à moins d'un *millième* près, ce qui le changera en 53000; puis en achevant l'opération, selon la règle prescrite, il en résultera 2,389 pour le quotient de 325 par 136, exact à moins d'un *millième*.

Si l'on voulait avoir le quotient de 0,748 par 0,0035 à un *cent-millième* près, on trouverait 213,71428 pour résultat.

88. En introduisant le calcul décimal, on a eu pour principal but d'éviter l'emploi des fractions ordinaires; il convient donc, chaque fois qu'une division laisse un reste, de le réduire en décimales (23), afin d'en obtenir au quotient, et de pousser l'approximation assez loin pour qu'il soit possible d'abandonner le dernier reste de l'opération sans erreur sensible.

Ainsi, dans l'exemple du n.° 89, au lieu de compléter le quotient en mettant à la suite de sa partie entière la fraction $\frac{7}{45}$, on approche sa valeur à moins d'un *millième* et il devient 908,155; en sorte que la fraction $\frac{7}{45}$ se trouve remplacée par la fraction décimale 0,155 qui n'en diffère pas d'un *millième* d'unité, et qui pourrait n'en pas différer d'un *millionième* ou d'un *billionième*, s'il était nécessaire.

89. On voit clairement que toute l'opération précédente revient à trouver en décimales la valeur d'une fraction ordinaire, et conséquemment qu'on peut, en suivant la même marche, convertir toute fraction ancienne en une fraction nouvelle.

Cependant, comme il arrive souvent qu'après un certain nombre d'opérations, on ne trouve plus de reste, on peut ne multiplier que successivement par 10 le numérateur et les restes, afin de s'arrêter à la décimale de l'ordre demandé, aussitôt que le reste devient zéro; alors on a un quotient exact, et la fraction est rigoureusement réduite en décimales.

Ce procédé est bien le même que le précédent, mais il a de plus l'avantage de limiter le nombre des opérations, en n'employant précisement qu'autant de zéros qu'il en faut pour obtenir le résultat ou exact ou approché.

En appliquant ce qu'on vient de dire à la réduction des fractions $\frac{5}{8}$, $\frac{3}{4}$, $\frac{6}{7}$, on trouve qu'elles ont respectivement pour fractions décimales correspondantes

0,675 ; 0,75 ; 0,85714.

Les deux premières ont été données par des quotiens exacts ; on a approché la troisième à moins d'un *cent-millième*.

Voici le calcul relatif à la seconde fraction, afin d'en montrer le dispositif.

```
 3  | 4
----|-----
 30 | 0,75
 28
----
  20
  20
----
   0
```

Preuve de la Division.

90. La *preuve* de la Division s'effectue *en multipliant le diviseur par le quotient, et si l'on a bien opéré, le produit doit donner le dividende* (68).

Dans le cas où la Division aurait laissé un reste, il faudrait *l'ajouter au produit du diviseur par le quotient, pour obtenir le dividende total* (68).

Après avoir divisé 3013256 par 9847 on a trouvé 306 pour quotient, et 74 pour reste, on demande si l'opération est exacte?

Pour s'en assurer, on multiplie 9847 par 306, ce qui donne 3013182 pour produit, auquel ajoutant le reste 74, on obtient 3013256, ou le dividende proposé ; d'où on conclut que la division dont il s'agit a été bien faite.

Remarque. Pour vérifier directement une Multiplication, *on divise le produit par un des facteurs ; si l'on ne s'est point trompé, le quotient représentera l'autre facteur* (69).

Ainsi, voulant s'assurer si 183708 est le produit de la Multiplication de 756 par 243, on divise 183708 par 756 ; et comme l'opération donne précisément 243 pour quotient, on affirme que 183708 est le produit exact des deux nombres 756 et 243.

Ses Usages.

91. La Division sert à la résolution des problèmes suivans, qui sont le plus fréquemment employés et auxquels il est toujours facile de ramener les autres.

1.° *Partager un nombre donné en parties égales?*

2.° *Connaissant la valeur de plusieurs unités données, déterminer celle d'une seule?*

3.° *Étant données la valeur de plusieurs unités et celle*

d'une de ces unités, trouver de quel nombre d'unités est la première de ces deux valeurs?

4.° Combien plusieurs unités d'un certain ordre vallent-elles d'unités d'un ordre supérieur?

QUESTIONS RELATIVES A LA DIVISION.

I. Une succession de 11818 francs est à partager également entre 17 héritiers; on demande ce qui revient à chacun.

Réponse. Un héritier représentant la dix-septième partie de 17 héritiers, sa part dans la succession, qui appartient également à tous, doit être aussi la dix-septième partie de 11818 francs; on la déterminera donc en divisant 11818 francs par 17; le quotient donne 854 francs, c'est la somme qu'il faut payer à chaque héritier.

II. On a donné $61^f,25^c$ à un ouvrier pour 35 journées de travail; combien gagnait-il par jour?

Réponse. Le gain journalier doit valoir la 35.e partie de $61^f,25^c$, c'est-à-dire $61^f,25 : 35$ ou $1^f,75^c$.

III. Le sac de blé coûtant $28^f,75^c$, combien peut-on en acheter pour une somme de 920 francs?

Réponse Il est clair qu'on doit avoir autant de sacs que $28^f,75^c$ seront compris de fois dans 920 francs; il faut donc diviser 920^f par 28,75. Comme le quotient est 32, on peut acheter 32 sacs de blé.

IV. Chaque année un certain capital rapporte $125^f,40^c$ de rente, et, par ce placement, l'intérêt d'un franc s'élève à $0^f,08^c$. On veut découvrir la valeur de ce capital.

Réponse. Il est facile de concevoir qu'autant de fois l'intérêt d'un franc sera contenu dans la rente annuelle, autant de fois aussi 1^f doit se trouver dans le capital prêté; ainsi, en divisant $125^f,40^c$ par 0,08, le quotient représentera la somme cherchée. Le calcul donne $1567^f,50^c$.

V. On a payé 3645 francs pour 89 ares 45 centiares de vignes; quelle est la valeur de l'are, à un centime près?

Réponse. En divisant le prix total, ou 3645 francs par 89,45 et poussant l'approximation du quotient jusqu'aux centimes inclusivement, il représentera la valeur cherchée. L'opération conduit à $40^f,75^c$; ce qui détermine le prix de l'are.

VI. Un bâtiment, monté par 345 hommes, a fait une prise estimée 314530 francs; quelle doit être la part de chaque homme?

Réponse. Pour que chacun reçût 1 franc, il suffirait évidemment que la somme à partager fût égale au nombre de partageans, c'est-à-dire qu'elle fût de 345 francs; par conséquent chacun d'eux doit recevoir 1 franc répété autant de fois que 345 francs seront compris dans le montant de la prise; il faut donc diviser 314530 francs par 345. En effectuant la division, on trouve $911^f,97^c$ pour la part demandée.

VII. A combien revient le mètre d'un drap, dont on a eu $9\frac{3}{4}$ mètres pour 4512 francs?

On s'exercera à résoudre cette question et les suivantes.

VIII. Un marchand a payé $478^f,25^c$ pour une pièce d'étoffe contenant $89^m,65^{d.m}$; on demande combien lui coûte le mètre.

IX. Trouver, à moins d'un centime près, la somme avec laquelle on gagnerait $845^f,50^c$, sachant qu'un franc peut procurer un profit de $0^f,065$.

X. Un ouvrier fait par jour $45^m,68^{c.m}$ d'un certain ouvrage ; combien faudra-t-il employer d'ouvriers de la même force pour en faire $1461^m,75^{c.m}$ dans le même temps ?

XI. On sait que communément un décalitre de blé fournit 6 kilogrammes 58 décagrammes de pain ; pour faire 720 kilogrammes de ce même comestible, combien faudra-t-il de blé? On demande le quotient à un litre près.

LEÇON XIII.e

Divisibilité des nombres. Questions sur les quatre opérations fondamentales combinées.

DE LA DIVISIBILITÉ DES NOMBRES.

92. Pour simplifier et abréger les calculs arithmétiques, il est très-souvent utile de savoir juger si un nombre est exactement divisible par un autre, et spécialement par 2, 3, 5, etc., sans être obligé d'effectuer la division toute entière. Or, pour y réussir, on pourra s'aider de ce qui va suivre.

115. D'abord, *tout multiple d'un nombre est divisible par ce nombre ;* car il exprime un produit formé de deux facteurs dont le second se trouve toujours par la division des deux nombres proposés (69).

Être multiple d'un nombre ou *divisible exactement par lui*, signifie donc la même chose.

Par exemple, le nombre 20 étant multiple de 5, ou divisible par 5, on aura le second facteur du produit 20, en divisant 20 par 5, ce qui donne 4.

93. Cela posé, *tout nombre terminé par* 0, *ou par l'un des chiffres* 2, 4, 6 *ou* 8, *est un multiple de* 2 *et conséquemment divisible par* 2.

Un nombre quelconque peut se décomposer en dixaines et en unités ; or, les dixaines sont divisibles par 2, puisque chacune vaut 2×5, et que 2×5 est divisible par 2. Il reste donc à démontrer que le même diviseur 2 convient aux unités ; ce qui est évident, puisqu'elles seront exprimées par 2, 4, 6 ou 8, qui sont des multiples de 2.

REMARQUE. On appelle *nombres pairs* tous les multiples de 2 : tels sont 2, 4, 6, 8, 10, 12, 14, 16, 18, 20, etc.

Un nombre est *impair*, s'il n'est pas exactement divisible par 2. Ainsi, 1, 3, 5, 7, 9, 11, 13, 15, 17, 19, etc., sont des *nombres impairs*.

94. *Tout nombre terminé par* 0, *ou par* 5, *est divisible par* 5.

D'abord, tout nombre terminé par un o est multiple de 10, et par cela même divisible par 5, puisque $10 = 5 \times 2$.

En second lieu, le reste de l'avant-dernière division partielle ne pouvant être que 0, 1, 2, 3 ou 4, étant joint au chiffre 5, il formera l'un des nombres 5, 15, 25, 35 ou 45 pour dernier dividende partiel; or, ces nombres étant des multiples de 5, sont tous divisibles par 5.

95. L'examen de la divisibilité d'un nombre par 7, par 11, par 13, etc., étant plus pénible que l'opération elle-même, il convient mieux alors d'essayer la division par chacun d'eux.

96. Tout nombre qui n'a d'autres diviseurs exacts que lui-même et l'unité s'appelle *nombre premier*. Ainsi, 1, 2, 3, 5, 7, 11, 13, 17, 19, 23, 29, 31, 37, 41, 43, etc., sont des *nombres premiers*.

QUESTIONS RELATIVES AUX QUATRE RÈGLES COMBINÉES ENTRE ELLES.

I. Un marchand achète trois pièces de drap, dont la première contient 36m,45, la seconde 27m,84 et la troisième 49m,16 : il en a vendu 57m; combien lui en reste-t-il?

Réponse. En faisant la somme des mètres et parties de mètre renfermés dans les 3 pièces, et la diminuant du nombre des mètres vendus, il est clair qu'on devra trouver ce qu'il en reste. Le calcul donne 56m,45.

II. Une armée était composée de 45800 fantassins, de 25430 cavaliers et de 5408 artilleurs; elle a perdu dans une bataille 6245 des premiers, 789 des seconds et 1280 des derniers. On demande quelle est la force actuelle de cette armée?

Réponse. Après l'action, l'armée doit se trouver réduite à l'excès du nombre total des soldats qui la composaient sur celui des hommes qu'elle a perdus en combattant. Par deux additions et une soustraction, on trouvera que l'armée, après le combat, était encore de 68324 hommes.

III. Pharamond fonda la monarchie française en 420; Clodion lui succéda en 428; Mérovée monta ensuite sur le trône dans l'année 448, et son fils Childéric gouverna depuis 458 jusqu'à 481. On demande le temps qu'a gouverné chacun de ces quatre premiers Rois de France, et pendant combien d'années ils ont régné ensemble.

Réponse. D'abord, Pharamond a tenu le trône tout le temps qui s'est écoulé de 420 à 428, ou 8 ans; Clodion, l'espace compris entre 428 et 448, ou 20 ans; Mérovée, depuis 448 à 458, ou 10 ans; et Childéric jusqu'en 481, c'est-à-dire 23 ans.

En second lieu, si l'on réunit ces quatre règnes, on trouvera 61 ans pour le temps pendant lequel ces premiers Rois francs ont gouverné.

IV. La hauteur du Mont Vésuve, près de Naples, est de 650 toises; celle de l'Etna, en Sicile, a été trouvée de 9972 pieds. On demande la différence qui existe dans l'élévation de ces deux volcans.

Réponse. On obtiendra la différence demandée en réduisant en pieds l'élévation du Vésuve, et en soustrayant le résultat du nombre qui représente la hauteur du Mont-Etna. Le calcul conduit à 6072 pieds.

V. Deux marchands ont fait un échange : le premier a donné au second 45 kilogrammes de café à $7^f,25^c$ le kilogramme ; le second a donné au premier $124^m,75^c$ de toile à $2^f,25^c$ le mètre. Lequel des deux doit à l'autre, et combien lui doit-il ?

Réponse. Les 45 K.G de café à $7^f,25^c$ valent $7^f,25^c \times 45$ ou $326^f,25^c$; et $124^m,75$ de toile à $2^f,25^c$ valent $2^f,25 \times 124,75^c$ ou $280^f,69^c$ à moins d'un centime près. Si donc on retranche cette dernière somme de l'autre, on trouvera que le second marchand doit au premier $45^f, 56^c$.

VI. Diviser $4789^f,72^c$ en deux parts, telles que l'une surpasse l'autre de 124^f.

Réponse. La plus grande devant surpasser la plus petite de 124 fr., il est évident qu'elle vaut celle-ci augmentée de 124 francs ; par conséquent, si l'on ôte 124 fr. de la somme à partager et qu'on divise le reste par 2, on aura bien sûrement la plus petite part ; or $4789^f,72^c - 124^f = 4665^f,72^c$, et $4665^f,72^c : 2 = 2332^f,86^c$; ainsi, la plus petite part vaut $2332^f,86^c$ et la plus grande $2332^f,86^c + 124$ ou $2456^f,86^c$.

VII. Vingt-quatre artilleurs ont fait 7200 cartouches en deux jours ; combien 37 artilleurs en feront-ils dans le même temps ?

Réponse. On conçoit qu'un seul artilleur a fait la 24.e partie de 7200, ou 7200 : 24 = 300 cartouches, et que 37 artilleurs en feront 37 fois autant ou 300 × 37, c'est-à-dire 11100 cartouches.

VIII. Sachant que 24 ouvriers, en 50 jours, ont fait 3600 mètres d'ouvrage, on demande combien 31 ouvriers, aussi habiles que les premiers, en feront de mètres dans l'espace de 48 jours ?

Réponse. D'abord il est évident que si 24 ouvriers ont mis 50 jours pour faire 3600^m, il en faudrait 50 fois autant, ou 24 × 50 = 1200, pour les effectuer en un seul jour ; de même les 31 ouvriers, devant travailler pendant 48 jours, feront autant d'ouvrage que 48 fois 31 ouvriers ou 1488 ouvriers en un jour. Cela posé, la question revient à celle-ci :

1200 *ouvriers ont fait* 3600 *mètres d'ouvrage ; combien* 1488 *ouvriers en feront-ils ?*

Alors en se conduisant comme dans la question précédente, on trouve 5464 pour résultat ; en sorte que les seconds ouvriers feront 5464^m d'ouvrage en 48 jours.

IX. Un marchand a mêlé trois espèces de vin, savoir : 25 mesures d'une 1.re qualité à 12 francs chacune, 20 mesures à 8 francs, et 7 mesures à 6 francs ; combien lui coûte la mesure de ce mélange ?

Réponse. Pour résoudre cette question, on fera le raisonnement suivant :

25 mesures de vin	à 12 fr. valent.	300 fr.
20	à 8 fr.	160
7	à 6 fr.	42

Donc les 52 mesures valent ensemble. . . . . 502 fr.
et une mesure 502^f : 52 = $9^f,65^c$ *à un centime près.*

X. Trois entrepreneurs ont reçu pour la construction d'un canal 38574 francs, qu'ils doivent se partager à raison du nombre des ouvriers que chacun y a employé : le 1.er en a fourni 24, le 2.e 30, et le 3.e 46. On demande ce qui revient à chaque entrepreneur ?

Réponse. Puisque la part qui revient à chacun dépend du nombre des ouvriers employés, il est évident que, si l'on connaissait la somme qu'il faut donner pour chaque ouvrier, on trouverait la part du 1.er entrepreneur en la multipliant par 24, et celles des deux autres en la répétant respectivement 30 fois et 46 fois. Or, il est facile de déterminer cette somme relative à un seul ouvrier ; car, en observant que les 38574 francs ont été payés par rapport au 24 + 30 + 46 ou 100 ouvriers employés à la construction du canal, il est visible que la 100.e partie, ou 385f,74c, exprime ce qu'il convient de donner pour chacun.

Ainsi, on doit payer

au 1.er entrepreneur	385f,74c × 24	ou	9257f,76c
au 2.e	385, 74 × 30	ou	11572, 20
au 3.e	385, 74 × 46	ou	17744, 04
Ce qui est vrai, puisque leur somme égale. . .			38574f.

Questions à résoudre.

XI. Un piéton marche pendant 8 jours : le 1.er jour il fait 24k.m,568, et chacun des autres il parcourt régulièrement 3k.m,475 de plus que le jour précédent. Quelle distance a-t-il parcourue dans cet espace de temps ?

XII. Un marchand a acheté 23 pièces de vin, contenant chacune 240 litres ; elles coûtent 586 francs d'achat et 69 francs de transport ; on demande combien il doit vendre le litre pour faire un bénéfice de 240 francs sur la totalité ?

XIII. Cinq héritiers ont à se partager une succession composée de 10 billets de 1542f,50c chacun, et d'un bien estimé 24000 fr. ; mais elle se trouve affectée de plusieurs dettes ; la 1.re de 3564f,25c, la 2.e de 1250 francs, et la dernière de 3 effets qui valent chacun 658 francs. Que doit-il donc revenir à chaque héritier ?

XIV. Une somme de 4680 francs placée dans le commerce a produit 348f,60c ; on demande combien aurait rapporté un capital de 12000 francs ?

XV. Trente copistes ont transcrit un ouvrage de 478 pages en 5 heures ; on voudrait savoir combien 45 copistes en transcriraient de pages en 8 heures.

XVI. Trois marchands ont fait un bénéfice de 3600 francs, et veulent se le partager en raison des sommes qu'ils ont fournies : le 1.er avait donné 4248f, le 2.e 5327f et le 3.e 5425 francs. Combien chacun doit-il recevoir ?

LEÇON XIV.e

Des Fractions.

LEUR SIMPLIFICATION ET LEURS TRANSFORMATIONS.

97. On a fait connaître dans la Numération l'idée qu'on doit se former d'une *fraction ordinaire*, et quelles fonctions remplissent séparément le Numérateur et le Dénominateur. Actuellement, on va exposer les diverses transformations que les fractions peuvent subir, pour les soumettre ensuite aux opérations fondamentales.

98. Quoique généralement on appelle *fraction* toute expression numérique affectée d'un dénominateur, cependant, comme rien ne limite le nombre des parties qu'elle peut renfermer, quand le numérateur surpasse le dénominateur, on lui donne le nom d'*expression fractionnaire* ou de *nombre fractionnaire*, parce qu'étant plus grande que 1, on doit la distinguer de la *fraction proprement dite*, qui vaut toujours moins que l'unité.

Ainsi, $\frac{4}{7}$, $\frac{7}{7}$ et $\frac{9}{7}$, sont également des fractions; mais la première est une *fraction proprement dite*, la seconde l'*unité mise sous la forme de fraction*, et la troisième une *expression* ou un *nombre fractionnaire*, qui, se décomposant en $\frac{7}{7}+\frac{2}{7}=1+\frac{2}{7}$, renferme évidemment un nombre entier et une fraction.

99. Toute fraction, dont le numérateur et le dénominateur sont égaux, valant l'unité, on peut dire qu'*un nombre quelconque divisé par lui-même donne l'unité pour quotient.*

100. Une fraction représentant le quotient de la division de ses deux termes (76), il en résulte, 1.° que *pour extraire les unités renfermées dans une expression fractionnaire, il suffira de diviser son numérateur par son dénominateur.*

Par exemple voulant connaître les unités contenues dans $\frac{17}{5}$, on divise 17 par 5, et on trouve $3+\frac{2}{5}$.

2.° *Qu'une fraction deviendra plus grande ou plus petite, suivant qu'on multipliera ou qu'on divisera son numérateur, ou suivant qu'on divisera ou multipliera son dénominateur* (79).

3.° Enfin, que *la valeur d'une fraction ne doit pas varier chaque fois qu'on multipliera ou divisera ses deux termes par un même nombre*; car, dans l'un ou l'autre cas, le quotient ne change point (80).

Ainsi, en multipliant les deux termes de la fraction $\frac{3}{4}$ successivement par 2, 3, 4, on obtient les nouvelles fractions $\frac{6}{8}$, $\frac{9}{12}$, $\frac{12}{16}$, qui ont toutes la même valeur que $\frac{3}{4}$; et en divisant le numérateur et le dénominateur de $\frac{12}{18}$ par 2, 3, 6, on a aussi $\frac{12}{18}=\frac{6}{9}=\frac{4}{6}=\frac{2}{3}$.

Remarque. Ceci fait voir qu'*il ne faut pas confondre la valeur d'une fraction avec son expression*; puisque, sans changer sa valeur, on peut faire varier son expression à l'infini, en multipliant ou en divisant ses deux termes par un même nombre.

RÉDUCTION DES FRACTIONS A LEUR PLUS SIMPLE EXPRESSION.

101. *Simplifier une fraction* ou *la réduire à ses moindres termes*, c'est la ramener à être exprimée par les plus petits nombres possibles.

102. Pour y parvenir, *on divise les deux termes de la fraction proposée successivement par* 2, *par* 3, *par* 5, *et généralement par la suite des nombres premiers* 7, 11, 13, 17, *etc.*, (96), *ayant soin de répéter la division par chacun de ces nombres, autant de fois de suite qu'elle pourra être effectuée exactement.*

D'abord, en suivant cette règle, on ne change pas la valeur de la fraction donnée (100); et quand à ce qu'elle prescrit de n'employer pour diviseurs que des nombres premiers, cela tient à ce que si on a épuisé toutes les divisions par 2, par 3, par 5, etc., il devient inutile de chercher à diviser par 4, par 6, 8, 9, 10, etc.; car, si ces dernières divisions pouvaient se faire exactement, à plus forte raison celles par 2, par 3, par 5, etc., seraient-elles possibles.

103. Qu'on ait à simplifier la fraction $\frac{504}{756}$. On divisera d'abord ses deux termes par 2, ce qui donne la nouvelle fraction $\frac{252}{378}$, dont les termes peuvent encore être divisés par 2; après la division, on obtient cette autre fraction équivalente $\frac{126}{189}$. Les deux termes de celle-ci n'étant plus divisibles par 2, on essaie de diviser par 3; la division réussit et conduit à $\frac{42}{63}$: divisant aussi les deux termes de cette dernière par 3, il en résulte $\frac{14}{21}$. Observant alors qu'on ne peut plus diviser par 3, on tente la division par 5, qui ne réussit pas; on essaie donc celle par 7, et comme elle se fait exactement, et qu'après on a la fraction $\frac{2}{3}$, qu'il est impossible de simplifier davantage, parce que son numérateur et son dénominateur n'ont plus de diviseur commun autre que l'unité, on en conclut que $\frac{2}{3}$ est l'expression la plus simple à laquelle on puisse ramener la fraction $\frac{504}{756}$.

On réduirait aussi facilement $\frac{120}{168}$ à $\frac{5}{7}$, et $\frac{4950}{29700}$ à $\frac{1}{6}$.

104. Lorsqu'une fraction est réduite à ses moindres termes, on la nomme *irréductible.*

Le numérateur et le dénominateur d'une fraction irréductible sont des nombres *premiers entre eux.*

TRANSFORMATION DES FRACTIONS DÉCIMALES EN FRACTIONS ORDINAIRES.

105. Pour changer une fraction décimale en fraction ordinaire, il faut *exprimer son dénominateur sous-entendu, ne plus avoir égard à la virgule ni aux zéros qui pourraient se trouver écrits à la gauche de la partie significative, et simplifier ensuite l'expression fractionnaire qui en résulte.*

EXEMPLE. On demande la fraction ordinaire correspondante à la fraction décimale 0,625.

Par la règle, on trouve d'abord $\frac{625}{1000}$; puis, en simplifiant (102), on obtient $\frac{5}{8}$ pour la fraction cherchée.

En opérant de même, on trouverait que

$$0{,}478 = \frac{478}{1000} = \frac{239}{500};\ 0{,}025 = \frac{25}{1000} = \frac{1}{40};\ 0{,}07248 = \frac{7248}{100000} = \frac{453}{6250}.$$

Changement qu'on peut faire subir aux nombres entiers et fractionnaires sans altérer leur valeur.

106. *Tout nombre entier peut être transformé en une expression fractionnaire, en le multipliant par le nombre qui doit lui servir de dénominateur.*

En opérant ainsi, il est évident qu'on ne change pas la valeur du nombre proposé; car, si d'un côté on le rend un certain nombre de fois plus grand, de l'autre il devient autant de fois plus petit.

Par exemple, soit à transformer le nombre entier 2, en une expression fractionnaire qui ait 3 pour dénominateur: on multipliera 2 par 3, et on aura $\frac{6}{3}$ pour l'expression demandée.

107. Cela posé, si l'on veut convertir $4+\frac{5}{6}$ en une seule fraction, on changera d'abord 4 en *sixièmes*, ce qui donnera $\frac{4\times6}{6}$ ou $\frac{24}{6}$; puis en ajoutant à ces $\frac{24}{6}$ les $\frac{5}{6}$ qui accompagnent les 4 unités du nombre proposé, on obtiendra évidemment $\frac{29}{6}$ pour la fraction équivalente à $4+\frac{5}{6}$.

De là il suit que, *pour transformer un nombre fractionnaire en une fraction, il faut multiplier les unités par le dénominateur de la fraction, ajouter au produit le numérateur, et donner à cette somme le dénominateur de la fraction.*

RÉDUCTION DES FRACTIONS AU MÊME DÉNOMINATEUR.

108. *Pour réduire deux fractions au même dénominateur, il faut multiplier les deux termes de chacune par le dénominateur de l'autre.*

Par cette opération on ne change pas la valeur des fractions, puisqu'on ne fait que multiplier les deux termes de chacune par un même nombre (100); et les nouvelles fractions qui en résultent ont un même dénominateur, qui est le produit des deux dénominateurs des fractions primitives.

Ainsi, qu'on ait à réduire au même dénominateur les fractions $\frac{2}{3}$ et $\frac{4}{5}$: on multipliera les deux termes de la fraction $\frac{2}{3}$ par 5, puis ceux de $\frac{4}{5}$ par 3; ce qui les changera respectivement en $\frac{10}{15}$ et $\frac{12}{15}$, qui ont le même dénominateur et sont équivalentes aux premières.

109. En général, *pour réduire tant de fractions que l'on voudra au même dénominateur, on multipliera les deux termes de chacune par le produit des dénominateurs de toutes les autres.*

En suivant cette règle, les nouvelles fractions auront respectivement les mêmes valeurs que les premières (100), et leur dénominateur commun sera évidemment le produit de tous les dénominateurs des fractions proposées.

Soient données les fractions.

$$\frac{2}{3}, \qquad \frac{3}{4}, \qquad \frac{4}{5} \qquad \text{et} \qquad \frac{5}{7}:$$

on multipliera les deux termes de la première par 4.5.7 ou 140, ceux de la seconde par 3.5.7 ou 105, ceux de la troisième par 3.4.7 ou 84, enfin ceux de la quatrième par 3.4.5 ou 60; de sorte qu'on aura

$$\frac{2\times140}{3\times140}, \qquad \frac{3\times105}{4\times105}, \qquad \frac{4\times84}{5\times84} \qquad \text{et} \qquad \frac{5\times60}{7\times60},$$

ou bien

$$\frac{280}{420}, \qquad \frac{315}{420}, \qquad \frac{336}{420} \qquad \text{et} \qquad \frac{300}{420};$$

nouvelles fractions qui ont toutes un dénominateur commun, et respectivement les mêmes valeurs que les fractions données.

Cas où l'on peut abréger la réduction des fractions au même dénominateur.

110. Si parmi les dénominateurs des fractions proposées il s'en trouvait un qui fût multiple de tous les autres, on abrégerait l'opération *en multipliant les deux termes de chaque fraction par le quotient du dénominateur multiple divisé par le dénominateur de celle que l'on transforme.*

Par exemple, si l'on avait à réduire au même dénominateur les fractions

$$\frac{2}{3}, \quad \frac{3}{4}, \quad \frac{1}{6}, \quad \frac{5}{8}, \quad \frac{7}{12} \quad \text{et} \quad \frac{13}{24}$$

on observerait que le dénominateur 24 est multiple de tous les autres, et par conséquent que, pour effectuer la réduction dont il s'agit, il suffit de multiplier les deux termes de la fraction $\frac{2}{3}$ par le quotient de 24 par 3, ou 8; ceux de la fraction $\frac{3}{4}$ par le quotient de 24 par 4, ou 6, et ceux des fractions $\frac{1}{6}$, $\frac{5}{8}$ et $\frac{7}{12}$, successivement par 4, 3 et 2, quotiens de 24 divisé par 6, 8 et 12; en sorte qu'on obtient les nouvelles fractions

$$\frac{16}{24}, \quad \frac{18}{24}, \quad \frac{4}{24}, \quad \frac{15}{24}, \quad \frac{14}{24} \quad \text{et} \quad \frac{13}{24}.$$

LEÇON XV.[e]

DES OPÉRATIONS FONDAMENTALES SUR LES FRACTIONS.

111. Les fractions se formant d'unités fractionnaires de même espèce, comme les nombres entiers se composent de la réunion d'unités simples, il en résulte qu'on peut faire sur elles toutes les opérations qu'on effectue sur ces derniers, c'est-à-dire les ajouter, soustraire, multiplier et diviser.

ADDITION DES FRACTIONS.

112. Si les fractions qu'on veut ajouter ont un même dénominateur, il suffit de *faire la somme des numérateurs, et d'affecter cette somme du dénominateur commun.*

Ainsi, $\frac{3}{8}+\frac{2}{8}=\frac{5}{8}$; et $\frac{2}{5}+\frac{3}{5}+\frac{4}{5}=\frac{9}{5}$, ou $1+\frac{4}{5}$.
Tout cela est évident.

113. Si les fractions proposées ont des dénominateurs différens, *on les réduit toutes au même dénominateur, et l'opération revient au cas précédent.*

Qu'on veuille ajouter les fractions $\frac{1}{2}$, $\frac{4}{5}$ et $\frac{6}{7}$; en les réduisant au même dénominateur (109), elles se changent en celles-ci $\frac{35}{70}$, $\frac{56}{70}$ et $\frac{60}{70}$, dont la somme est $\frac{151}{70}=2+\frac{11}{70}$.

SOUSTRACTSON DES FRACTIONS.

114. La soustraction des fractions qui ont un même dénominateur se fait *en prenant la différence des numérateurs, et en donnant à cette différence le dénominateur commun.*

Par exemple, de $\frac{6}{7}$ voulant ôter $\frac{2}{7}$, il reste évidemment $\frac{4}{7}$; de même $\frac{12}{15}-\frac{5}{15}=\frac{7}{15}$.

115. Lorsque les fractions ont des dénominateurs différens, il faut, pour rendre la soustraction possible, *les réduire au même dénominateur, ensuite appliquer aux nouvelles fractions la règle donnée ci-dessus.*

Ainsi, pour trouver l'excès de $\frac{3}{4}$ sur $\frac{2}{3}$, on change ces fractions en $\frac{9}{12}$ et $\frac{8}{12}$ (108); puis en soustrayant $\frac{8}{12}$ de $\frac{9}{12}$, on obtient $\frac{1}{12}$ pour la différence cherchée.

MULTIPLICATION DES FRACTIONS.

116. Trois cas se présentent ordinairement dans la multiplication des fractions : on peut avoir à multiplier,

1.° *Une fraction par un nombre entier ;*
2.° *Un nombre entier par une fraction ;*
3.° *Une fraction par une fraction.*

117. Dans les deux premiers cas, il suffit de *multiplier le numérateur de la fraction par le nombre entier.*

D'abord, multiplier une fraction par un nombre entier, c'est répéter toutes les parties qu'elle renferme autant de fois qu'il y a d'unités dans ce nombre ; or, le numérateur seul de la fraction exprime ces parties (11); c'est donc lui qu'il faut répéter.

Il ne faut que changer l'ordre des facteurs (50) pour que cette démonstration s'applique au second cas.

De là, $\frac{2}{7}\times3=\frac{2\times3}{7}$ ou $\frac{6}{7}$; et $8\times\frac{4}{9}=\frac{4\times8}{9}=\frac{32}{9}=3+\frac{5}{9}$.

118. Pour multiplier deux fractions entre elles, il faut *multiplier leurs numérateurs l'un par l'autre, et multiplier de même les dénominateurs.*

Soient $\frac{7}{8}$ et $\frac{3}{4}$, leur produit sera $\frac{7\times3}{8\times4}$ ou $\frac{21}{32}$.

En effet, s'il s'agissait de multiplier $\frac{7}{8}$ par 3, le produit serait $\frac{7\times3}{8}$; mais ce n'est pas par 3 qu'on doit multiplier, c'est par $\frac{3}{4}$, quantité 4 fois plus petite que 3; la fraction résultante $\frac{7\times3}{8}$ est donc 4 fois trop grande; il faut donc la rendre 4 fois plus petite, en multipliant son dénominateur 8 par 4 (100 — 2.°); de sorte que l'on a $\frac{7\times3}{8\times4}$ ou $\frac{21}{32}$, pour le véritable produit de la multiplication de $\frac{7}{8}$ par $\frac{3}{4}$.

119. La règle qui précède s'applique également à la multiplication d'un plus grand nombre de fractions; mais, *pour abréger le calcul, on a soin de supprimer au numérateur et au dénominateur du produit tous les facteurs qui peuvent s'y trouver*, ce qui ne change pas sa valeur (100).

Ainsi, voulant multiplier les fractions $\frac{2}{3}$, $\frac{3}{4}$, $\frac{5}{6}$, $\frac{4}{5}$ et $\frac{6}{7}$, on obtient par la règle $\frac{2\times3\times5\times4\times6}{3\times4\times6\times5\times7}$; et comme les facteurs 3, 4, 5 et 6, sont communs aux deux termes du résultat, en les faisant disparaître, il vient alors $\frac{2}{7}$ pour le produit des fractions proposées.

De même $\frac{3}{5}\times\frac{6}{11}+\frac{2}{3}\times\frac{5}{9}=\frac{3\times6\times2\times5}{5\times11\times3\times9}=\frac{6\times2}{11\times9}=\frac{12}{99}=\frac{4}{33}$.

DIVISION DES FRACTIONS.

120. Dans la division, comme dans la multiplication des fractions, on peut avoir à diviser,

1.° *Une fraction par un nombre entier;*

2.° *Une fraction par une fraction;*

3.° *Un nombre entier par une fraction.*

121. Pour diviser une fraction par un nombre entier, la règle est de *multiplier le dénominateur de la fraction par le nombre entier, sans changer le numérateur*.

En multipliant le dénominateur seul d'une fraction par un nombre entier quelconque, on la rend autant de fois plus petite que ce nombre renferme d'unités (100); la fraction elle-même est donc divisée par ce nombre.

Qu'on ait à diviser $\frac{3}{4}$ par 5, on obtiendra pour quotient $\frac{3}{4\times5}$ ou $\frac{3}{20}$.

De même $\frac{1}{3}:2=\frac{1}{6}$.

122. La division d'une fraction par une fraction s'effectue *en multipliant la fraction dividende par la fraction diviseur renversée* (*).

Ainsi, diviser $\frac{3}{8}$ par $\frac{2}{5}$, revient à multiplier $\frac{3}{8}$ par $\frac{5}{2}$; ce qui donne $\frac{15}{16}$ pour résultat.

(*) *Renverser* une fraction, c'est prendre le dénominateur pour le numérateur, et réciproquement; par exemple, la fraction $\frac{2}{5}$ étant renversée devient $\frac{5}{2}$.

En effet, si l'on avait $\frac{3}{8}$ à diviser par 2, on aurait $\frac{3}{8\times2}$ pour quotient (121); or ce n'est pas par 2 qu'on doit diviser, c'est par $\frac{2}{5}$, quantité 5 fois plus petite que 2; le quotient $\frac{3}{8\times2}$ est donc 5 fois trop petit; il faut donc le rendre 5 fois plus grand, et cela en le multipliant par 5; en sorte que le vrai quotient des fractions proposées est $\frac{3\times5}{8\times2}=\frac{3}{8}\times\frac{5}{2}$ ou enfin $\frac{15}{16}$. Ce qui prouve l'exactitude de la règle prescrite.

123. Enfin, pour diviser un nombre entier par une fraction, *on multiplie le dividende par la fraction diviseur renversée.*

Qu'il s'agisse, par exemple, de diviser 7 par $\frac{3}{4}$, on multipliera 7 par $\frac{4}{3}$, et $\frac{28}{3}$ ou $9+\frac{1}{3}$ sera le quotient.

La démonstration est la même que dans le cas précédent.

LEÇON XVI.

Les nombres fractionnaires. Les fractions de fractions.

CALCUL DES NOMBRES FRACTIONNAIRES.

124. Pour effectuer les quatre opérations fondamentales sur les nombres fractionnaires, *on commence par les transformer en fractions équivalentes* (107); *alors il ne reste plus qu'à ajouter, soustraire, multiplier ou diviser des fractions; ce qui s'exécute au moyen des règles données ci-dessus.*

Les exemples suivans suffiront pour se familiariser avec ce calcul.

1.° Soit à trouver la somme des nombres fractionnaires $3+\frac{4}{5}$ et $6+\frac{2}{3}$: on les changera en $\frac{19}{5}$ et $\frac{20}{3}$; puis en ajoutant ces fractions (113), on obtiendra $\frac{157}{15}$, ou $10+\frac{7}{15}$, pour la somme des nombres fractionnaires proposés.

2.° Soustraire $4+\frac{3}{7}$ de $9+\frac{1}{2}$: changeant ces nombres en fractions, ils deviennent $\frac{31}{7}$ et $\frac{19}{2}$; retranchant alors $\frac{31}{7}$ de $\frac{19}{2}$ (115), on trouvera $\frac{71}{14}$, ou $5+\frac{1}{14}$, résultat qui est la différence cherchée.

REMARQUE. On peut abréger ces deux calculs en opérant immédiatement sur les nombres donnés, c'est-à-dire, en ajoutant ou soustrayant d'abord les fractions, et passant ensuite aux unités entières qui les accompagnent. On doit avoir soin, dans la soustraction, d'augmenter la fraction supérieure, chaque fois qu'elle sera trop faible, d'une unité convertie en fraction d'une dénomination pareille, et, par compensation, d'en ôter une du nombre entier qui la précède.

3.° Multiplier $2+\frac{3}{4}$ par $5+\frac{2}{5}$: les fractions équivalentes à ces nombres sont $\frac{11}{4}$ et $\frac{27}{5}$, lesquelles étant multipliées ensemble (118), donnent $\frac{297}{20}$, ou $14+\frac{17}{20}$, pour produit.

4.° Enfin, qu'on ait à diviser $6+\frac{1}{2}$ par $4+\frac{2}{3}$: ces nombres transformés en fractions deviendront $\frac{13}{2}$ et $\frac{14}{3}$, fractions qui étant divisées l'une par l'autre (122), donneront $\frac{39}{28}$, ou $1+\frac{11}{28}$, pour le quotient de la division de $6+\frac{1}{2}$ par $4+\frac{2}{3}$.

Ces opérations n'exigent aucune démonstration, étant fondées sur des principes exposés et démontrés ci-dessus.

DES FRACTIONS DE FRACTIONS.

125. Si l'on conçoit qu'une partie quelconque de l'unité soit prise elle-même pour *unité*, comme déjà on l'a fait n.° 9, et qu'on la divise en un certain nombre de parties égales, puis que l'on prenne une ou plusieurs de ces nouvelles parties, on se formera l'idée *d'une fraction de fraction*. Divisant de même cette nouvelle fraction en d'autres parties égales, l'expression d'une ou de plusieurs de ces dernières s'appellera *une fraction de fraction de fraction*, ou plus simplement *une fraction de fractions*.

Ainsi, la $\frac{1}{2}$ de $\frac{3}{5}$, ou bien le $\frac{1}{4}$ de $\frac{2}{7}$, est *une fraction de fraction*, et le $\frac{1}{3}$ des $\frac{6}{7}$ de $\frac{4}{5}$ *une fraction de fraction de fraction* ou bien *une fraction de fractions*.

On peut donc dire que par *fraction de fractions*, on entend une ou plusieurs parties égales d'une fraction ou d'une suite de fractions qui sont elles-mêmes des fractions les unes par rapport aux autres.

Il est aisé de voir par-là que les *parties décimales* sont des *fractions de fractions* d'une espèce particulière.

126. Cherchons maintenant comment on pourra ramener les fractions de fractions en fractions de l'unité.

Pour cela, qu'on veuille prendre, par exemple, les $\frac{3}{4}$ des $\frac{5}{6}$ de $\frac{2}{7}$. On évaluera d'abord les $\frac{5}{6}$ de $\frac{2}{7}$, qui sont le $\frac{1}{6}$ de $\frac{2}{7}$ répété 5 fois, ou $\frac{2}{7\times6}\times5=\frac{2\times5}{7\times6}$; puis, les $\frac{3}{4}$ de ce résultat, qui sont évidemment $\frac{2\times5}{7\times6\times3}\times3$, ou $\frac{2\times5\times3}{7\times6\times4}$, ou enfin $\frac{30}{168}=\frac{5}{28}$.

D'où l'on conclut que, *pour prendre des fractions de fractions*, ou *pour réduire une fraction de fractions à une fraction simple ou fraction d'unité*, *il suffit*, comme pour multiplier plusieurs fractions entre elles (119), *de diviser le produit des numérateurs par celui des dénominateurs; en simplifiant le résultat par la suppression des facteurs communs qui existeraient dans ses deux termes.*

APPLICATIONS. 1.° Soit à réduire en fraction simple la fraction de fractions $\frac{1}{3}$ des $\frac{3}{4}$ des $\frac{4}{5}$ de $\frac{5}{6}$.

On trouvera d'abord $\frac{1\times3\times4\times5}{3\times4\times5\times6}$; puis en effaçant au numérateur et au dénominateur les facteurs communs 3, 4 et 5, il en résulte $\frac{1}{6}$ pour la fraction équivalente à la fraction de fractions proposée.

2.° Une personne doit avoir les $\frac{2}{3}$ des $\frac{3}{4}$ des $\frac{5}{7}$ de la $\frac{1}{2}$ des $\frac{7}{10}$ d'une somme de 1000 francs. Combien lui revient-il?

La part cherchée équivaut évidemment à

$$\frac{2\times3\times5\times1\times7}{3\times4\times7\times2\times10}\times1000^{f}=\frac{5}{40}\times1000^{f}=\frac{1}{8}\times1000^{f}=125^{f}.$$

QUESTIONS SUR LES FRACTIONS.

I. On demande combien il y a d'aune de toile dans une pièce qui contient 297 *huitièmes* d'aune?

Réponse. Pour connaître le nombre d'aunes renfermées dans la pièce, il est clair qu'il faut extraire les unités de la fraction $\frac{297}{8}$; ce qui donne 37 aunes et $\frac{1}{8}$.

II. Quel est le nombre de seizièmes de livre qui entrent dans 52 livres?

Réponse. Chaque livre valant $\frac{16}{16}$, les 52 livres valent 52 fois davantage, ou $\frac{16}{16} \times 52 = \frac{832}{16}$.

III. On propose de découvrir quelle est la fraction ordinaire qui a conduit à la fraction décimale 0,125.

Réponse. On exprimera le dénominateur sous-entendu, puis on simplifiera la fraction résultante; cela fait, on trouvera $\frac{1}{8}$.

IV. Un tailleur demande 2 aunes $\frac{1}{4}$ d'un certain drap pour un habit, 1 aune $\frac{1}{3}$ pour un pantalon et $\frac{5}{8}$ pour un gilet. Que faut-il lui en donner en tout?

Réponse. Ajoutant $2 + \frac{1}{4}$ avec $1 + \frac{1}{3}$ et $\frac{5}{8}$, on trouve 4 aunes $\frac{5}{24}$ pour la quantité de drap demandée.

V. Deux coupons de différens draps contiennent séparément, le premier $\frac{7}{12}$ de mètre et le second $\frac{15}{20}$: lequel est le plus grand, et de combien surpasse-t-il l'autre?

Réponse. Réduisant ces fractions au même dénominateur, elles deviennent $\frac{35}{60}$ et $\frac{45}{60}$; soustrayant la 1.re de la 2.e, il vient $\frac{10}{60}$ ou $\frac{1}{6}$ pour différence.

Donc le second coupon est le plus grand, et il surpasse le 1.er de $\frac{1}{6}$.

VI. Le Commandant d'une ville assiégée est obligé de réduire la ration de pain de chaque soldat à $\frac{3}{4}$ de livre; la garnison entière se compose de 3456 hommes; on demande quelle sera sa consommation par jour?

Réponse. Chaque soldat devant consommer $\frac{3}{4}$ de pain, l'armée entière en consommera évidemment $\frac{3}{4} \times 3456$, ou 2592 livres.

VII. Une machine peut filer 2 livres $\frac{3}{4}$ de coton par heure; combien en filera-t-elle dans l'espace de 5 heures $\frac{1}{2}$?

Réponse. Elle filera autant de livres de coton qu'il y aura d'unités dans le produit des nombres $2 + \frac{3}{4}$ et $5 + \frac{1}{2}$; c'est-à-dire 15 livres $\frac{1}{8}$.

VIII. A raison de 350 francs les $\frac{5}{7}$ d'une pièce d'eau-de-vie, déterminer le prix de la pièce?

Réponse. Divisant 350f par $\frac{5}{7}$, on trouve 490f pour la valeur cherchée.

IX. 7 aunes $\frac{5}{8}$ d'une étoffe ont coûté 183 francs : on demande le prix de l'aune ?

Réponse. Il faut diviser 183 francs par $7 + \frac{5}{8} = \frac{61}{8}$; le résultat 24^f est le prix de l'aune.

X. Un héritier doit prendre les $\frac{2}{3}$ des $\frac{5}{6}$ des $\frac{6}{7}$ du $\frac{1}{4}$ des $\frac{4}{5}$ d'une somme de 4000 francs : que lui revient-il ?

Réponse. La fraction de fractions $\frac{2}{3}$ des $\frac{5}{6}$ des $\frac{6}{7}$ du $\frac{1}{4}$ des $\frac{4}{5}$ répondant à la fraction d'unité $\frac{2}{21}$, il suffit de prendre les $\frac{2}{21}$ de 4000 francs : le calcul donne $380^f,95^c$; de sorte qu'il revient cette somme à l'héritier.

XI. On a payé $64^f,75^c$ pour 4 aunes $\frac{5}{8}$ de velours ; combien auraient coûté 7 aunes $\frac{3}{4}$?

Réponse. En réduisant les nombres $4 + \frac{5}{8}$ et $7 + \frac{3}{4}$ en expressions fractionnaires qui aient un même dénominateur, ils deviennent $\frac{37}{8}$ et $\frac{62}{8}$. Alors on dira :

Si $\frac{37}{8}$ ont coûté. . . . . $64^f, 75^c$,
$\frac{1}{8}$ a été payé la 37.e partie de $64^f,75^c$, ou. . . . . . $1^f, 75^c$,
$\frac{62}{8}$ vaudront donc $1^f,75^c$ répétés 62 fois, ou. . . . . $108^f, 50^c$.

On aurait pu chercher le prix d'une aune, en divisant $64^f, 75^c$ par $4 + \frac{5}{8}$, et le quotient multiplié par $7 + \frac{3}{4}$ eût donné également $108^f,50^c$ pour résultat.

XII. Combien faut-il prendre de toile à $\frac{5}{6}$ de large pour doubler 420 aunes d'étoffe à $\frac{7}{8}$ de large ?

Réponse. On réduit d'abord les fractions $\frac{5}{6}$ et $\frac{7}{8}$ au même dénominateur, ce qui les change en $\frac{20}{24}$ et $\frac{24}{24}$; puis on dit :

Si la toile avait $\frac{21}{24}$ de large, il en faudrait. . . . . 420 aunes ;
si elle n'avait que $\frac{1}{4}$, il en faudrait 21 fois plus, ou. . 8820 aunes ;
mais elle a $\frac{20}{24}$, il n'en faut donc que le 20.e de 8820a, qui est 441 aunes.

QUESTIONS A RÉSOUDRE.

XIII. Réduire au même dénominateur les fractions $\frac{2}{3}$, $\frac{4}{5}$, $\frac{3}{7}$ et $\frac{5}{6}$.

XIV. Combien la fraction $\frac{224}{246}$ renferme-t-elle de huitièmes ?

XV. Écrire la fraction $\frac{1080}{1215}$ sous sa forme la plus simple possible.

XVI. Pour faire une livre de pâte, il faut $\frac{15}{34}$ de livre d'eau et $\frac{22}{35}$ de farine ; on sait qu'une livre et $\frac{1}{6}$ de pâte donnent 1 livre de pain après la cuisson ; on demande combien il faudra d'eau et de farine pour faire 240 livres de pain ?

XVII. Un passementier met $\frac{1}{2}$ heure à faire une aune de frange ; il doit en livrer une pièce de 12 aunes $\frac{3}{4}$, et il a commencé son travail à 9 heures $\frac{1}{4}$ du matin : on demande à quelle heure il le finira, en supposant qu'il l'effectue sans interruption.

XVIII. Deux compagnies se sont présentées pour construire un ouvrage ; la 1.re peut le faire en 7 mois et la 2.e en 5 mois ; on les emploie toutes deux ensemble : on demande en combien de temps l'ouvrage sera achevé.

XIX. Pour faire 4 aunes $\frac{2}{3}$ de drap, un ouvrier emploie 7 heures $\frac{3}{5}$; combien mettra-t-il d'heures pour en confectionner 20 aunes ?

XX. Un capital de 1500 francs a été placé dans une maison de commerce pour 3 ans, à 8 pour 100 d'intérêt par an. On demande combien il faudra rendre, tant en principal qu'en intérêt, à la fin de la troisième année, déduction faite d'un dixième de l'intérêt total, qui doit être payé au teneur de livres.

LEÇON XVIIe

Les nombres complexes.

DÉFINITION. LEURS TRANSFORMATIONS. ÉVALUATION DES FRACTIONS.

127. On dit qu'un nombre est *complexe*, quand il est composé d'unités de différentes espèces ; s'il n'en renferme que d'une seule espèce, on le nomme *incomplexe*.

Ainsi, 3 *livres* 15 *sous* 6 *deniers* est un *nombre complexe* ; 8 *toises* est un *nombre incomplexe*.

128. Pour opérer facilement sur les nombres complexes, il faut se rappeler, que

1.° $1^{\#} = 20^{s} = 240^{d}$;

2.° $1^{\text{toise}} = 6^{\text{pi.}} = 72^{\text{po.}} = 864^{\text{li.}} = 10368^{\text{points}}$;

3.° $1^{\text{livre}} = 2^{\text{m.}} = 16^{\text{o}} = 228^{\text{c}} = 384^{\text{d}} = 9216^{\text{g}}$;

4.° $1^{\text{jour}} = 24^{\text{h.}} = 1440^{\text{m}} = 86400'' = 5184000'''$;

5.° $\begin{cases} 1^{\text{m.b.}} = 12^{\text{set.}} = 144^{\text{b}} = 2304^{\text{lit.}} ; \\ 1^{\text{m.v.}} = 36^{\text{v.}} = 228^{\text{pin.}} = 576^{\text{chop.}} ; \end{cases}$

6.° $1^{\text{degré}} = 60' = 3600'' = 216000'''$.

MANIÈRE DE RÉDUIRE LES UNITÉS PRINCIPALES EN UNITÉS D'ESPÈCE INFÉRIEURE, ET RÉCIPROQUEMENT.

129. Pour convertir des unités principales en unités d'un ordre inférieur, *on cherche combien il faut d'unités de l'espèce demandée pour en former une de l'espèce donnée ; ensuite on multiplie ce nombre par celui qu'on veut réduire.*

Qu'on veuille savoir combien 3# valent de *deniers* : puisqu'il faut 240 deniers pour une livre tournois, on multipliera 240 par 3, et on aura 720^{d} pour le résultat demandé.

Pareillement, pour réduire 8 *pieds* en *lignes*, on multipliera 144 lignes, qui est la valeur du pied en *lignes*, par 8; ce qui donnera 1152 lignes.

130. Pour revenir d'un nombre quelconque d'unités inférieures aux unités supérieures qu'il peut contenir, il suffit de *diviser le nombre donné par celui qui exprime combien il faut de ces unités inférieures pour en composer une de l'espèce demandée.*

Ainsi, pour trouver ce que 680 *sous* valent de *livres*, on divise 680 par 20, parce qu'il faut 20 sous pour une livre, et le quotient 34 indique que 680^{s} équivalent à 34 livres.

De même, pour convertir 465 *pouces* en *toises*, on divise le nombre 465 par 72 (128), ce qui donne 6 *toises* et 33 *pouces* de reste; convertissant ces 33 pouces en *pieds*, on obtient 2 *pieds*, et encore 9 *pouces* de reste; d'où il résulte que 465 *pouces* valent précisément 6^{T} 2$^{pi.}$ 9$^{po.}$

RÉDUCTION DES NOMBRES COMPLEXES EN UNITÉS DE LEUR PLUS PETITE ESPÈCE.

131. Pour réduire un nombre complexe en unités de sa plus petite espèce, *on convertit d'abord les unités principales en unités de l'espèce immédiatement inférieure; à ce résultat on ajoute les unités de même espèce qui se trouvent dans le nombre proposé; on convertit ensuite cette somme en unités de l'espèce suivante, et au résultat on joint les unités semblables que renferme le nombre donné; enfin, on continue le même procédé jusqu'à ce qu'on ait employé les plus petites unités du nombre dont il s'agit; alors l'opération est terminée.*

Voulant, par exemple, réduire le nombre 9^{T} 2^{pi} 5^{po} 6^{li} en *lignes*, on convertit 9^{T} en *pieds*, ce qui conduit à 54^{pi}, qui réunis aux 2^{pi} du nombre proposé, donnent 56^{pi}; on change ensuite les 56^{pi} en 672^{po}, auxquels ajoutant les 5^{po} du nombre donné, on a 677 *pouces*; enfin ces 677^{po} convertis en *lignes*, produisent 8124^{li}, lesquelles augmentées des 6^{li} renfermées dans le nombre en question, forment en tout 8130 *lignes* pour le résultat cherché.

On trouverait de même que le nombre 4$^{\#}$ 15^{s} 7^{d} équivaut à 1147^{d}; et que 25^{li} 1^{m} 3° 0^{g} 9^{g} = 246745 *grains*.

TRANSFORMATION DES NOMBRES COMPLEXES EN NOMBRES FRACTIONNAIRES ET DÉCIMAUX, ET CHANGEMENT RÉCIPROQUE.

132. Pour transformer un nombre complexe en nombre fractionnaire, il faut *le réduire en unités de sa plus petite espèce, et donner au résultat pour dénominateur le nombre qui marque combien il faut de ces dernières unités pour composer l'unité principale.*

Par exemple, ayant à réduire le nombre complexe 3$^{\#}$ 6^{s} 2^{d} en nombre fractionnaire, on le convertit d'abord en 794 *deniers*, puis on donne au résultat 240 pour dénominateur, parce qu'il faut 240 deniers pour une livre; en sorte que $\frac{794^{\#}}{240}$ est le nombre demandé.

133. Pour changer un nombre complexe en nombre décimal, il suffit de *convertir en fraction décimale l'expression fractionnaire qui correspond au nombre donné.*

Ainsi, pour trouver le nombre décimal équivalent au nombre complexe $4^{\#}\ 13^{ʃ}\ 8^{₰}$, on convertit son expression fractionnaire correspondante $\frac{1124^{\#}}{240}$ en nombre décimal (89), et on obtient $4''$, 683 pour résultat.

En se conduisant de même, on trouvera que les nombres complexes

$2^{\#}\ 15^{ʃ}$; $3^{T.}\ 4^{pi.}\ 3^{po.}\ 3^{l}$; $2^{liv}\ 5^{o}\ 7^{c}$; $3^{j}\ 6^{h}\ 4^{m}\ 15''$,

équivalent respectivement aux nombres fractionnaires.

$\frac{55^{\#}}{20}$; $\frac{3209^{T}}{864}$; $\frac{303^{li.}}{128}$; $\frac{281055^{j}}{86400}$;

ou bien aux nombres décimaux suivans :

$2^{\#}$, 75 ; 3^{T}, 714 ; 2^{liv}, 367 ; 3^{j}, 252 ;

les trois derniers étant exacts chacun à un millième près.

134. En second lieu, pour changer une fraction ou un nombre décimal en nombre complexe, *on divise d'abord le numérateur par le dénominateur, ce premier quotient donne les unités principales ; on réduit ensuite le reste en unités de l'espèce immédiatement inférieure, et on divise le résultat par le même diviseur ; on réduit encore le reste, s'il y en a un, en unités de l'espèce suivante, puis on divise le résultat toujours par le diviseur primitif ; on continue ainsi jusqu'à ce que l'on soit parvenu à un quotient exact ou assez approché, ayant soin d'indiquer l'espèce des unités de chaque quotient partiel.*

Par exemple, voulant transformer $\frac{351^{\#}}{40}$ en un nombre complexe, on divise 351 par 40, ce qui donne $8^{\#}$ pour quotient et $31^{\#}$ pour reste; ces $31^{\#}$ converties en *sous* produisent $620^{ʃ}$ qui, divisés par 40, donnent $15^{ʃ}$ au quotient et $20^{ʃ}$ pour nouveau reste ; on convertit encore ces $20^{ʃ}$ en 240 *deniers* qu'on divise par 40 : et comme on obtient $6^{₰}$ pour quotient exact, on en conclut que l'expression fractionnaire $\frac{351^{\#}}{40}$ a pour nombre complexe correspondant $8^{\#}\ 15^{ʃ}\ 6^{₰}$.

En opérant de même, on trouvera que les quantités

$\frac{255^{\#}}{36}$, $\frac{12^{T}}{15}$, 9°, 685 et 0^{liv}, 76,

correspondent respectivement à

$7^{\#}\ 1^{ʃ}\ 8^{ʃ}$, $4^{pi}\ 9^{po}\ 7^{li}\ 2^{pts}$, $9^{o}\ 41'\ 6''$ et $1^{M}\ 4^{o}\ 1^{o}\ 20^{k}$

ÉVALUATION DES FRACTIONS.

135. *Évaluer* une fraction, c'est trouver sa valeur en mesures déterminées et reçues par l'usage.

136. Pour évaluer une fraction ordinaire ou décimale qui se rapporte aux anciennes mesures, il suffit d'*effectuer la Division de son numérateur par son dénominateur, en considérant le premier comme exprimant des unités de l'espèce énoncée, et en opérant selon la règle du* n° 134.

Par exemple, voulant évaluer les $\frac{6}{7}$ d'une *toise*, on regarde le numérateur 6 comme exprimant 6 *toises* ; puis en faisant la division et s'arrêtant aux *lignes*, on trouve 5*pi* 1*po* 8*li* pour l'évaluation approchée (à moins d'une *ligne*) de la fraction proposée.

En second lieu, soit à estimer les 0,075 d'une *livre* tournois; on divisera 75^{tt} par 1000, et on obtiendra 1^{s} 6^{d}; de sorte que 0^{l},075 = 1^{s} 6^{d}.

On trouverait de même que les $\frac{6}{7}$ d'une *livre* (poids de marc), équivalent à 1^{m} 5° 2^{g}; et que les 0,33 d'un *degré* correspondent à 19′ 48″.

137. S'il s'agissait d'une fraction de fractions, *on commencerait par la réduire en fraction d'unité* (126), *puis on évaluerait cette dernière.*

Ainsi, pour évaluer les $\frac{7}{8}$ des $\frac{3}{4}$ de la $\frac{1}{2}$ d'un *jour*, après avoir changé cette *fraction de fractions* en la fraction d'unité $\frac{21}{64}$, on évalue celle-ci, en considérant son numérateur comme exprimant 21 *jours*, et il vient pour résultat 7^{h} 52^{m} 30″.

138. Pour trouver la valeur d'une fraction dont l'unité appartient au nouveau système métrique, il suffit de *la convertir en fraction décimale;* car, dans ce système, les subdivisions de chaque mesure sont constamment de dix en dix fois plus petites.

Ainsi, voulant évaluer les $\frac{3}{4}$ d'un *mètre*, on convertira $\frac{3}{4}$ en fraction décimale (89), et 0^{m}, 375 sera la valeur cherchée.

On déterminerait de même, que les $\frac{3}{4}$ d'un *gramme* correspondent à 0^{G}, 75 ou 75 *centigrammes.*

139. Si c'était une fraction de fractions qui fût proposée, *après l'avoir changée en fraction d'unité, on transformerait celle-ci en fraction décimale, et on aurait l'évaluation de la première.*

Par exemple, si l'on demandait ce que valent les $\frac{2}{3}$ des $\frac{3}{4}$ de la $\frac{1}{2}$ d'un *litre;* après avoir converti cette *fraction de fractions* en la fraction ordinaire $\frac{1}{4}$ (126), on changerait celle-ci en la fraction décimale 0,25; et 0^{L}, 25 ou 25 *centilitres* seraient le résultat cherché.

QUESTIONS RELATIVES A CE QUI PRÉCÈDE.

I. On demande combien une pendule bat de secondes pendant que l'aiguille des heures fait le tour du cadran.

Solution. L'aiguille faisant le tour du cadran en 12 heures, la question revient à réduire 12 heures en secondes; ce qu'on obtiendra en multipliant 3600″ qui entrent dans 1 heure par 12; le produit 43200 apprend que la pendule bat 43200″ pendant le temps donné.

II. Un courrier a marché durant 604800″ sans s'arrêter; combien de jours a-t-il employés?

Solution. On conçoit qu'il suffit de convertir 604800″ en jours pour répondre à la question. Le calcul conduit à 7 jours.

III. Déterminer le nombre de lignes renfermé dans 4T 3*pi* 5^{po} 9^{li}.

Solution. Par la règle du n.° 187, on trouve que 4T 3*pi* 5*po* 9*li* équivalent à 3957 lignes.

IV. Combien $1^{m}\ 2^{o}\ 5^{o}\ 10^{g}$ valent-ils de dix-millièmes de livre?

Solution. Pour résoudre ce problème, on convertit le nombre proposé en une fraction ordinaire, puis celle-ci en décimales, poussant l'approximation jusqu'aux dix-millièmes, et on obtient 0,6674 de livre, ou $0,^{liv}6674$.

V. La terre emploie 31558151″ à faire sa révolution autour du soleil : on demande à quel nombre complexe ce temps correspond ?

Solution. On convertira successivement ce nombre de secondes en *minutes*, les minutes en *heures*, celles-ci en *jours*, et on trouvera $365^{j}\ 6^{h}\ 9^{m}\ 11''$.

LEÇON XVIII.

Calcul des nombres complexes.

ADDITION.

140. Pour additionner les nombres complexes, il faut *écrire leurs unités de même ordre les unes au-dessous des autres; souligner le tout; ajouter les plus petites unités; extraire de leur somme les unités immédiatement supérieures qu'elle peut contenir, pour les joindre à celles de cette espèce; écrire ce qui reste de la somme au-dessous de la colonne qui l'a donnée, et continuer à procéder de cette manière jusqu'aux unités principales qu'on ajoute comme les nombres entiers.*

Il est évident qu'en suivant cette règle on obtient la somme de toutes les différentes unités qui composent les nombres proposés, et par conséquent la somme totale de ces mêmes nombres.

141. On propose d'ajouter les nombres complexes suivans :

	358#	15ſ	9ꝺ
	46	12	8
	179	7	10
Somme.	584#	16ſ	3ꝺ

Ayant additionné les *deniers*, le résultat est 27ꝺ, lequel renferme 2ſ plus 3ꝺ, puisque 1ſ vaut 12ꝺ; on écrit donc 3 au-dessous des *deniers*, et on ajoute 2 aux unités de la colonne suivante, ce qui donne 36ſ, ou 1# 16ſ; alors on écrit 16 dans la colonne des *sous*, puis on retient 1# pour la joindre aux unités de cette espèce; leur réunion donnant 584, on en conclut que 584# 16ſ 3ꝺ sont la somme des nombres proposés.

Afin de s'exercer on fera ces deux exemples :

	562^{t}	3^{pi}	7^{po}	9^{li}
	48	4	10	5
	17	2	6	8
	6	5	7	11
Sommes...	635^{t}	4^{pi}	8^{po}	9^{li}

65^{liv}	1^{m}	5°	7^{g}	2^{b}
23	0	6	5	1
57	1	7	6	2
29	1	5	4	2
177^{liv} ou	2°	0^{g}	1^{b}	

SOUSTRACTION.

142. La soustraction des nombres complexes s'effectue *en plaçant le plus petit des deux sous le plus grand, comme dans l'addition; puis en commençant par la droite, on soustrait successivement les diverses unités du nombre inférieur de leurs correspondantes du nombre supérieur, et on écrit chaque différence dans le rang des unités qui la donnent; mais s'il arrive que les unités inférieures d'une espèce quelconque ne puissent pas être soustraites des unités semblables qui leur correspondent, on ajoute à celles-ci autant d'unités de son espèce qu'il en faut pour en former une de l'espèce immédiatement supérieure, afin de rendre la soustraction possible, et, par compensation, on en ajoute une de ce dernier ordre aux unités pareilles du nombre inférieur.*

L'unité qu'on ajoute au nombre inférieur, valant autant que toutes celles qu'on a ajoutées d'abord, pour rendre la soustraction possible, et cela, chaque fois qu'on met cette règle en pratique, il s'ensuit évidemment que la différence n'a pas été changée (37).

143. Pour appliquer cette règle à un exemple, proposons-nous de déterminer l'excès de $362^{liv}\ 0^{M}\ 0^{O}\ 0^{G}\ 1^{D}$ sur $54^{liv}\ 1^{M}\ 3^{O}\ 6^{G}\ 2^{D}$.

On dispose ces nombres comme on le voit ci-dessous :

	362^{liv}	0^{M}	0°	0^{G}	1^{D}
	54	1	3	6	2
Différence.	307^{liv}	0^{M}	4°	1^{G}	2^{D}

puis on commence à opérer, en disant : de 1^{D} ôter 2^{D}, cela ne se peut; on augmente donc 1^{D} de 3^{D}, ce qui donne 4^{D} desquels soustrayant 2^{D}, il en reste 2 que l'on place au-dessous; ajoutant 1^{G} aux 6^{G} du nombre inférieur, on a 7^{G} à retrancher de 0^{G}, chose impossible; alors, on augmente le nombre supérieur de 8^{G} qui valent 1^{once} et on dit : de 8^{G} ôter 7^{G}, il en reste 1 que l'on écrit. Augmentant ensuite les 3° du nombre inférieur de 1^{O}, d'où il résulte 4°, et ajoutant 1^{m} converti en 8° au nombre supérieur pour en soustraire les 4°, il vient 4° pour différence; puis on continue de même jusqu'à ce qu'on ait opéré sur toutes les diverses unités des nombres proposés; après quoi on trouve que $307^{liv}\ 0^{M}\ 4^{O}\ 1^{G}\ 2^{D}$ sont l'excès demandé.

Voici encore quelques exemples de soustraction.

85^{j}	3^{h}	0^{m}	$36''$	$30^{m.b}$	7^{set}	6^{b}	5^{lit}	$70^{\#}$	$9^{ʃ}$	$0^{ð}$
10	9	27	$45''$	4	10	11	8	58	15	$5\frac{1}{4}$
74^{j}	18^{h}	32^{m}	$51''$	$25^{m.b}$	8^{set}	6^{b}	13^{lit}	$11^{\#}$	$13^{ʃ}$	$6^{ð}\frac{3}{4}$

MULTIPLICATION.

144. Le moyen le plus simple d'effectuer la multiplication de deux nombres complexes est *de les changer en nombres fractionnaires* (132), *de multiplier ceux-ci et d'évaluer le*

résultat (136), *en considérant le numérateur comme exprimant des unités de l'espèce demandée.*

145. Par exemple, voulant résoudre cette question :

A raison de 3# 10ʃ *la toise d'un certain ouvrage, combien coûteront* 2T 3pi 6po ?

On convertit les facteurs 3# 10ʃ et 2T 3pi 6po respectivement en $\frac{70}{20}$ et $\frac{186}{72}$; on multiplie ces derniers nombres, ce qui donne $\frac{13020}{1440}$ ou $\frac{1302}{144}$; puis en évaluant la fraction $\frac{1302}{144}$, qui doit représenter des *toises*, on trouve 9# 0ʃ 10d pour le nombre complexe répondant à la question.

En se conduisant de même, on obtiendrait 26# 2ʃ 9d $\frac{1}{12}$ pour le produit de la multiplication de 32# 15ʃ 6d pour 7t 5pi 9po 8li.

DIVISION.

146. Pour diviser deux nombres complexes, il suffit *de les transformer en fractions de leur unité principale* (132), *de faire la division de celles-ci, puis d'évaluer le résultat, en prenant toujours son numérateur pour des unités de l'espèce que doit renfermer le quotient.*

147. Ainsi, qu'on demande combien on aura de toises d'ouvrage pour 9# 0ʃ 10d, quand le prix d'une toise est 3# 10ʃ.

On transformera ces nombres 9# 0ʃ 10d et 3# 10ʃ en $\frac{2170}{240}$ et $\frac{70}{20}$; puis en divisant l'un par l'autre et évaluant le quotient $\frac{43400}{16800}$ ou $\frac{434}{168}$ en *toises*, on trouve 2T 3pi 6po pour le nombre cherché.

Voici encore un exemple pour exercer l'élève.

5liv. 6o 3o *d'un métal ont coûté* 478# 11ʃ 4d, *on demande le prix de la livre.*

En suivant la règle on trouvera pour réponse 88# 12ʃ 11d, à 1d près.

QUESTIONS RELATIVES AU CALCUL DES NOMBRES COMPLEXES.

I. Quatre murs entourent une chènevière : le 1.er a 9T 4*pi* 8*po* de long, le 2.e a 15T 3*pi* 9*po*, le 3.e 12T 2*pi* 6*po* et le 4.e 10T 4*pi* 7*po*. Quelle est la grandeur du contour de la chènevière ?

Réponse. Il est entendu qu'en réunissant les nombres qui expriment la longueur de chaque mur, la somme 48T 4*pi* 6*po* détermine le contour du terrain en question.

II. Louis-Philippe I.er, né le 6 octobre 1773, monta sur le trône le 9 août 1830 : à quel âge prit-il les rênes du gouvernement ?

Réponse. En 1773, au 6 octobre, 1772 ans 9 mois 5 jours se trouvaient écoulés depuis l'ère chrétienne, ou la naissance de J.-C., et en 1830, au 9 août, 1829 ans 7 mois 8 jours de la même ère étaient passés ;

la différence entre.	1829 ans	7 mois	8 jours
et	1772	9	5 jours
ou.	56 ans	10 mois	3 jours,

exprime donc le temps qui s'est écoulé depuis la naissance du roi jusqu'à son avénement au trône.

III. Le 17 décembre, à 5 heures 30 minutes du soir, on a fait partir une diligence de Nancy pour le Hâvre, où elle est arrivée le 20 du même mois à 4 heures 15 minutes du matin; combien a-t-elle mis de temps à parcourir la distance qui sépare ces deux villes?

Réponse. Il est clair que le temps écoulé depuis le moment du départ jusqu'au 20 décembre 4*h* 15*m* du matin doit exprimer

l'excès du nombre.	20*j*	4*h*	15*m*
sur.	17	5	30
ou.	2*j*	10*h*	45′

c'est-à-dire, qu'elle a employé 2*j* 10*h* 45′ pour faire la route en question.

IV. Un ouvrier fait par heure 1ᵀ 3*pi* 8*po* 6*li* d'un certain ouvrage; combien pourraient en effectuer 7 ouvriers aussi habiles, qui travailleraient 6 heures 30 minutes par jour, pendant 5 jours?

Réponse.	1 ouvrier dans 1*h* fesant.	1ᵀ	3*pi*	8*po*	6*li*
	7 ouvriers dans 1*h* en feraient. . . .	11ᵀ	1*pi*	1*po*	6*li*
	7 ouvriers dans 6*h* 30′.	73ᵀ	3*pi*	8*po*	9*li*
Enfin	7 ouvriers travaillant 6*h* 30′, pendant 5*j*, en feraient 5 fois autant, ou. . . .	368ᵀ	0*pi*	7*po*	9*li*.

Ce dernier résultat exprime l'ouvrage que pourraient effectuer les 7 ouvriers dans le temps donné.

V. Une compagnie de mineurs a mis 24*j* 5*h* 30′ pour creuser dans le roc 6ᵀ 4*pi* 8*po* de galerie; on demande le temps qu'elle a employé pour creuser une toise.

Réponse. Si l'on connaissait le nombre des jours, heures et minutes que les mineurs ont mis pour creuser une toise de galerie, en le multipliant par 6ᵀ 4*pi* 8*po*, on obtiendrait un produit égal à 24*j* 5*h* 30′ qui expriment le temps employé à effectuer l'ouvrage en question; 24*j* 5*h* 30′ sont donc un produit ayant pour facteurs 6ᵀ 4*pi* 8*po* et le nombre inconnu de jours que l'on cherche. On trouvera donc ce dernier, en divisant 24*j* 5*h* 30′ par 6ᵀ 4*pi* 8*po*, le quotient devant être de même nature que le dividende.

La 1.re règle du n.° 46 conduit à 3*j* 13*h* 48′ pour résultat, lequel apprend qu'il a fallu 3*j* 13*h* 48′ pour creuser une toise de galerie.

VI. Un marchand a échangé 7 livres de café pour 3*liv* 1° 6G de sucre; combien en a-t-il donné pour chaque livre de sucre?

Réponse. Ce problème se rapporte évidemment à la division, puisqu'il s'agit de déterminer la valeur d'une seule unité, connaissant celle de plusieurs. Divisant donc 7*liv* par 3*liv* 10° 6G (146), on trouvera que le marchand a donné 1*liv* 14° 3G 1ᵇ 10g de café pour une 1*liv* de sucre.

VII. On est convenu de payer à un ouvrier paresseux 2ᵗᵗ 14ˢ 6ᵈ pour chaque jour qu'il travaillerait; mais à condition de lui retenir, sur ce qu'il aurait gagné, 9ˢ 1ᵈ pour chaque jour qu'il se serait reposé. Après 21 jours, on fait son compte, et il arrive qu'il n'a rien à recevoir; on demande combien de temps il a travaillé?

Réponse. Cherchant combien de jours l'ouvrier doit se reposer pour perdre 2ᵗᵗ 14ˢ 6ᵈ, en divisant ce nombre par 9ˢ 1ᵈ, perte d'un jour, on trouve 6 jours; ainsi, après avoir travaillé 1 jour, il faut 6 jours de repos pour anéantir son gain ; sur 7 jours, il s'occupe donc 1 seul jour. Or, 7 est compris 3 fois dans 21 jours ; ce qui apprend qu'il y a eu 3 jours de travail, et par suite 21 — 3 ou 18 jours de repos.

En multipliant 2# 14ˢ 6ᵈ par 3, et 9ˢ 1ᵈ par 18, on obtient deux produits égaux, qui confirment l'exactitude des nombres trouvés et vérifient la question.

VIII. Combien y a-t-il de pieds, pouces et lignes dans la $\frac{1}{2}$ des $\frac{2}{3}$ des $\frac{5}{4}$ des $\frac{7}{8}$ d'une toise ?

Réponse. On cherchera la fraction d'unité correspondante, qui est $\frac{7}{32}$; puis on évaluera cette dernière en parties de la toise ; ce qui donnera 1*pi* 3*po* 9*li* pour la valeur de la fraction de fractions proposée.

QUESTIONS A RÉSOUDRE.

IX. Un banquier a tiré de sa caisse trois sommes d'argent : la 1.re de 172# 15ˢ 6ᵈ, la 2.e de 3478# 7ˢ 9ᵈ, et la 3.e de 729# 7ˢ 10ᵈ ; elle renfermait 8760# 10ˢ 8ᵈ auparavant ; on demande combien il y reste encore ?

X. Henri IV vint au monde le 13 décembre 1553 ; il fut assassiné en 1610, le 14 mai : à quel âge mourut-il ?

XI. En mêlant 2 mesures 8 pots 1 pinte d'esprit de vin avec 3 mesures 7 pots et 1 chopine d'eau, le mélange n'a produit que 4 mesures 17 pots 1 chopine. On demande quelle est la diminution opérée ?

XII. Pour une livre de café un marchand donne en échange 2 *liv* 3*o* 5*g* de cassonade : combien en recevrait-on pour 5 *liv* 1*m* 7*o* 8*g* de café ?

XIII. Un particulier paie 14# 15ˢ de loyer par mois ; sa dépense journalière s'élève constamment à 4# 8ˢ 6ᵈ, et chaque jour de travail il gagne 7# 10ˢ. On demande combien il fera d'économie dans une année de 365 jours, sachant qu'il y a 58 jours de repos ?

XIV. Une somme de 1000 francs, placée dans le commerce, a rapporté 80# 15ˢ 6ᵈ : on demande combien 1# a produit de bénéfice, et, dans cette hypothèse, quel gain on eût fait avec 2400# 10ˢ 10ᵈ ?

LEÇON XIX.e

Rapport et proportion géométriques.

DU RAPPORT.

148. On nomme *rapport géométrique* l'expression de la division de deux nombres ; sa valeur en est le *quotient*.

Ainsi, le rapport géométrique de 14 à 2 est $\frac{14}{2}$, celui de 4 à 9 = $\frac{4}{9}$.

149. Un rapport est donc composé de deux nombres qui en sont les *termes* : l'un s'appelle *antécédent*, et l'autre *conséquent*.

150. On évalue ordinairement un rapport géométrique en divisant l'antécédent par le conséquent : on peut néanmoins l'estimer en faisant la division réciproque du conséquent par l'antécédent.

151. Pour indiquer un rapport géométrique, on place entre ses termes deux points qui signifient *est à*.

Par exemple, 8 : 4 exprime le rapport géométrique de 8 à 4, et s'énonce 8 *est à* 4.

152. La valeur d'un rapport géométrique étant le quotient de l'antécédent divisé par le conséquent (150), on en conclut que *dans tout rapport géométrique*, *l'antécédent est égal au produit du* conséquent *multiplié par le* quotient (69).

Ainsi, dans le rapport 8 : 4, où le quotient est 2, on a $8 = 4 \times 2$; et dans celui-ci 5 : 7, dont la valeur est $\frac{5}{7}$, on a $5 = 7 \times \frac{5}{7}$.

153. *La valeur d'un rapport géométrique ne change pas, quand on multiplie ou divise ses deux termes par un même nombre.*

Cela résulte du principe établi n.° 80.

Ainsi, 12 : 8 équivaut à $12 \times 3 : 8 \times 3$ ou 36 : 24, et à $\frac{12}{4} : \frac{8}{4}$ ou 3 : 2.

DE LA PROPORTION.

154. La comparaison de deux rapports géométriques égaux, ou l'expression de leur égalité, forme une proportion.

Une proportion se compose donc de quatre nombres ou *termes*.

155. On l'indique en plaçant le signe : :, qui s'énonce *comme*, entre les rapports.

Par exemple, voulant exprimer qu'il existe une proportion entre les rapports 4 : 8 et 3 : 6, on écrit

4 : 8 : : 3 : 6,

et on lit : 4 *est à* 8, *comme* 3 *est à* 6.

Remarque. Souvent on l'indique en écrivant ses termes ainsi qu'il suit :

$$\frac{8}{4} = \frac{6}{3},$$

conformément à la définition.

156. Des quatre *termes* qui forment une proportion, le premier et le dernier s'appellent *extrêmes*, le second et le troisième *moyens*.

157. Pour s'assurer si deux rapports comparés sont égaux, on doit toujours les évaluer semblablement.

158. Dans une proportion, *si les antécédens sont égaux, les conséquens le seront aussi*; et réciproquement, *de l'égalité des conséquens, on conclut celle des antécédens.*

Car, s'il en était autrement, les rapports ne se trouveraient pas égaux et la proportion ne subsisterait pas (154).

PROPRIÉTÉ FONDAMENTALE DE LA PROPORTION.

159. La propriété fondamentale de toute proportion est que *le produit des extrêmes égale celui des moyens.*

Pour s'en convaincre, soit la proportion

$$6 : 3 :: 8 : 4.$$

Si l'on met pour chaque antécédent son conséquent multiplié par le quotient 2, on ne changera pas la valeur des rapports (152), et on aura

$$3 \times 2 : 3 :: 4 \times 2 : 4 ;$$

proportion dans laquelle on voit que le produit des extrêmes 3×2 et 4, égale celui des moyens 3 et 4×2, puisque chacun se trouve composé des mêmes facteurs ; donc

$$3 \times 2 \times 4 = 3 \times 4 \times 2, \text{ ou } 6 \times 4 = 3 \times 8.$$

Ce qu'on vient de démonter pour la proportion précédente ayant lieu pour toute autre, on en conclut que *dans une proportion, le produit des extrêmes égale celui des moyens.*

160. Le principe précédent sert à résoudre cette question : *Etant donnés trois des quatre termes d'une proportion ; trouver l'autre.*

Solution. Soient les deux proportions

$$24 : 8 :: 9 : x, \qquad 5 : 20 :: x : 16,$$

où l'inconnu x est respectivement *extrême* et *moyen.*

De la première, on tire (159)

$$24 \times x = 8 \times 9 ;$$

puis, en divisant ces produits égaux par 24, les quotiens seront aussi égaux, et on aura.

$$x = \frac{8 \times 9}{24}.$$

Cette valeur de x enseigne que, quand c'est un extrême qu'on cherche, *il faut, pour l'obtenir, diviser le produit des moyens par l'extrême connu.*

De la seconde, on déduit (159)

$$20 \times x = 5 \times 16,$$

et, en divisant par 20,

$$x = \frac{5 \times 16}{20}.$$

Ce qui signifie que, *pour déterminer un moyen, on doit diviser le produit des extrêmes par l'autre moyen.*

APPLICATIONS.

On demande le 4.e terme de la proportion

$$18 : 3 :: 90 : x,$$

et le 3.e de celle-ci

$$7 : 14 :: x : 56.$$

Par les règles précédemment obtenues, on trouve pour l'un

$$x = \frac{3 \times 90}{18} = \frac{270}{18} = 15 ;$$

et pour l'autre

$$x = \frac{7 \times 56}{14} = \frac{392}{14} = 28.$$

LEÇON XX.e

Règle de Trois.

161. La *Règle de Trois*, autrefois appelée *Règle d'or*, à cause de sa grande utilité, est une opération qui se réduit toujours à déterminer un terme d'une proportion géométrique dont on connaît les trois autres.

162. On en distingue deux, qui sont la *règle de trois simple* et la *règle de trois composée*.

RÈGLE DE TROIS SIMPLE.

163. La *règle de trois simple* est celle qui ne renferme dans son énoncé que trois quantités connues et une inconnue.

164. Parmi les trois quantités données, deux sont toujours de même espèce, on les appelle *quantités principales*; la troisième avec celle que l'on cherche, l'une et l'autre aussi de même nature, se nomment *quantités relatives*.

Par exemple, dans cette question :

Un voyageur a fait 16 lieues en 10 jours, combien en parcourra-t-il en 25 jours ?

Les quantités principales sont 10 *jours* et 25 *jours*; tandis que 16 *lieues* et le nombre de *lieues* que l'on demande expriment *les quantités relatives*.

165. La difficulté de résoudre une règle de trois simple, consiste dans l'art d'arranger convenablement les termes de la proportion; or, voici comment il faut s'y prendre.

On distingue d'abord les quantités principales pour en composer le premier rapport, et, après avoir examiné si la quantité relative cherchée doit être plus petite ou plus grande que la quantité relative connue, on écrit le second rapport (celui des quantités relatives), en plaçant ses termes dans le même ordre que ceux du premier; c'est-à-dire, que si la plus petite ou la plus grande des quantités principales forme l'antécédent du 1.er rapport, il faudra aussi que la plus petite ou la plus grande des deux quantités relatives forme l'antécédent du 2.e rapport.

D'où il suit que, dans tous les cas possibles, on sera conduit à l'une ou l'autre de ces proportions :

La plus petite quantité principale est à *la plus grande*, comme *la plus petite quantité relative* est à *la plus grande*;

La plus grande quantité principale est à *la plus petite*, comme *la plus grande quantité relative* est à *la plus petite*.

On représente ordinairement la quantité relative inconnue par une des dernières lettres de l'alphabet u, v, x, y, z.

166. A l'aide des principes que l'on vient d'établir, on est en état de résoudre toutes les questions qui se rapportent à la règle de trois simple; les suivantes pourront servir d'applications et d'exemples.

QUESTION I. *Un ouvrage a été fait en 20 jours par 36 ouvriers; combien faudra-t-il en employer de la même force pour exécuter un semblable ouvrage en 15 jours?*

SOLUTION. En examinant cette question, on conçoit qu'il faut d'autant plus d'ouvriers qu'on veut employer moins de jours, et par conséquent que la quantité relative cherchée doit être plus grande que la quantité relative connue; de sorte qu'en la représentant par x, on peut (308) établir la proportion

$$15j : 20j :: 36 \text{ ouv.} : x \text{ ouv.},$$

ou bien celle-ci

$$20j : 15j :: x \text{ ouv.} : 36 \text{ ouv.}$$

L'une ou l'autre donne également (160),

$$x = \frac{20 \times 36}{15} = \frac{720}{15} = 48 \text{ ouv.};$$

c'est-à-dire, que 48 ouvriers effectueront l'ouvrage dont il s'agit en 15 jours.

REMARQUE. Pour s'assurer que le résultat convient, on l'introduit, comme une quantité connue, dans la question proposée, en y supposant inconnu l'un des trois nombres donnés; puis on cherche celui-ci, pour lequel on doit trouver la valeur qu'il avait primitivement.

Dans le cas présent, pour vérifier 48, on aura donc à résoudre cette nouvelle règle de trois :

48 ouvriers ont fait un ouvrage en 15 jours; combien faut-il prendre d'ouvriers pour l'effectuer en 20 jours?

Elle correspond à la proportion :

$$15j : 20j :: x \text{ ouv.} : 48 \text{ ouv.},$$

qui donne

$$x = 36 \text{ ouv.}$$

Ce nombre 36 étant précisément celui qu'on a supposé inconnu dans l'énoncé, prouve que le résultat 48 résout la question dont il s'agit.

QUESTION II. *Un tailleur a employé 2 aunes $\frac{1}{2}$ de drap en $\frac{5}{4}$ de large pour faire un habit complet; combien doit-on lui donner d'un autre drap, qui n'a que $\frac{7}{8}$ de large, pour en faire un pareil?*

SOLUTION. Comme le drap est moins large dans le second cas que dans le premier, il est clair qu'il en faudra davantage. Soit x le nombre d'aunes cherché, on le déterminera au moyen de la proportion

$$\frac{7}{8} : \frac{5}{4} :: 2 + \frac{1}{2} : x,$$

qui, après avoir multiplié par 4 les termes du premier rapport et ensuite par 2 les antécédens, devient

$$7 : 5 :: 5 : x,$$

d'où l'on déduit

$$x = \frac{25}{7} = 3 + \frac{4}{7}.$$

Pour faire le second habit, on remettra 3 aunes $\frac{4}{7}$ du drap en $\frac{7}{8}$ de large.

QUESTION III. *La garnison d'une ville assiégée est composée de 8000 hommes; elle a des vivres pour 5 mois; on y fait entrer un renfort de 2000 hommes : on demande alors pendant combien de temps les vivres qui sont dans la place pourront alimenter toute la garnison.*

SOLUTION. En désignant par x le temps demandé, et observant qu'il doit être plus petit que 5 mois, puisque la seconde quantité principale 8000 + 2000 ou 10000 hommes est plus grande que la première 8000 hommes, on fera cette proportion :

$$10000h : 8000h :: 5 \text{ mois} : x \text{ mois}, \quad \text{ou} \quad 10 : 8 :: 5 : x,$$

de laquelle on tire

$$x = 4.$$

Les 10000 hommes vivront pendant 4 mois avec les provisions de la place.

RÈGLE DE TROIS COMPOSÉE.

167. La règle de trois est *composée*, quand l'énoncé de la question renferme plus de trois quantités connues.

168. Pour résoudre une règle de trois composée, *on examine attentivement la relation qui existe entre ses diverses quantités principales, pour les combiner entre elles convenablement et les réduire toutes à deux autres équivalentes; ces dernières une fois obtenues et comparées avec les deux quantités relatives qui n'ont pas été employées, forment alors une* règle de trois simple, *de laquelle on déduit sans peine la valeur de l'inconnue.*

Remarque. Ce n'est que de l'usage seul qu'on doit attendre la facilité de résoudre les règles de trois composées; car les circonstances variant presque pour chaque question, il est impossible de donner une règle générale pour ramener à deux quantités principales toutes celles qui entrent dans leurs différens énoncés.

Afin de bien saisir l'esprit de la méthode qu'il faut suivre dans ces sortes d'opérations, j'engage l'élève à répéter avec soin tous les problèmes qu'on va résoudre et à s'exercer encore sur beaucoup d'autres.

Question I. *La dépense de 400 soldats, en 3 jours, se monte à 1500 francs; quelle sera celle de 200 soldats en 8 jours?*

Solution. Pour ramener cette question à une règle de trois simple, on observera que la dépense de 400 soldats en 3 jours, est égale à celle de 3 fois autant de soldats, ou 1200 soldats en 1 jour; pareillement, la dépense de 200 soldats en 8 jours, est la même que celle de 8 fois autant de soldats, ou 1600 soldats, en 1 jour; ainsi, la question proposée revient à cette autre:

La dépense de 1200 soldats est de 1500 francs par jour; quelle sera, dans le même temps, celle de 1600 soldats?

Alors plus de difficulté: en désignant par x la dépense cherchée, on établit la proportion $1200 : 1600 :: 1500 : x$, d'où résulte $x = 2000$.

Les 200 soldats, en 8 jours, dépenseront donc 2000 francs.

La question suivante sert de preuve à celle-ci.

Question II. *En 3 jours, 400 soldats ont dépensé 1500 francs; combien de jours mettront 200 soldats à dépenser 2000^f?*

Solution. D'abord il est évident que si 400 soldats ont dépensé 1500^f, chacun d'eux en a dépensé la 400.e partie, ou $\frac{1500^f}{400} = \frac{15^f}{4} = 3^f,75$; en second lieu, 200 soldats devant dépenser 2000 francs, la dépense de chacun sera $\frac{2000^f}{200}$, ou 10 francs. La question correspond donc à cette autre:

Un soldat a dépensé $3^f,75^c$ en 3 jours; combien emploiera-t-il de jours pour dépenser 10 francs?

Que x soit ce nombre de jours, on aura la proportion

$3^f,75^c : 10^f :: 3j : xj$, qui donne $x = 8j$.

Ainsi, les 200 soldats dépenseront 2000 francs en 8 jours.

Question III. *Un bassin contenant 2400 mètres cubes d'eau a été rempli en 15 jours par 30 ouvriers qui travaillaient 4 heures par jour; on demande combien il faudra d'autres ouvriers dont la force est à celle des premiers : : 7 : 8, pour en remplir un second de 3360 mètres cubes en 20 jours, s'ils travaillent 8 heures par jour.*

SOLUTION. Cette question, très-compliquée en apparence, se ramènera facilement à une règle de trois simple, par le raisonnement suivant :

Les premiers ouvriers ayant travaillé 4 heures par jour, pendant 15 jours, ont évidemment employé 15 fois 4 heures, ou 60 heures, pour fournir les 2400m.c. d'eau ; dans une heure ils n'avaient donc introduit dans le premier bassin que la 60.e partie de 2400m.c., ou 40m.c. : mais ces ouvriers sont supposés avoir 8 degrés de force ; s'ils n'en avaient eu qu'un seul, l'ouvrage fait dans une heure n'eût été que la *huitième* partie de 40m.c., ou 5m.c.

On trouvera de même que l'ouvrage à faire par les seconds ouvriers (ceux qu'on cherche), se réduit à fournir 3m.c. d'eau par heure, la force de ces derniers, qui est représentée par 7, étant aussi ramenée à l'unité.

La question revient donc à cette autre :

En une heure, 30 ouvriers ont fourni 5m.c. d'eau ; combien faudra-t-il d'ouvriers pour en donner 3m.c. dans le même temps ?

Alors, désignant par x le nombre cherché, et calculant le 4.e terme de la proportion $5 : 3 :: 30 : x$,
on trouve 18 ; en sorte qu'on devra employer 18 ouvriers pour remplir le second bassin.

LEÇON XXI.e

DES RÈGLES D'INTÉRÊT, DE CHANGE ET D'ESCOMPTE.

Règle d'intérêt.

169. La *Règle d'intérêt* a pour but de déterminer la somme due pour de l'argent prêté sous certaines conditions.

170. On appelle *capital* ou *principal* la somme placée ; on nomme *intérêt* ce que l'emprunteur est obligé d'ajouter au capital lors du remboursement.

171. L'intérêt se stipule sur une certaine *base* convenue entre le débiteur et le créancier.

Ordinairement on prend 100f pour cette base, et on en fixe l'augmentation à 5 ou 6f ; ce qu'on appelle *payer l'intérêt à* 5 ou *à* 6 *pour* 100, et signifie qu'une somme de 100 francs rapporte 5f ou 6f au bout d'un an. Ce bénéfice de 5f ou 6f que 100f produisent à la fin de l'année, se nomme *taux*.

172. Il y a deux sortes d'intérêts, le *simple* et le *composé*.

L'*intérêt simple* se paie uniformément chaque année, sans pouvoir jamais devenir principal, et par conséquent porter intérêt.

L'*intérêt composé* au contraire, à la fin de chaque année, se joint au capital pour porter intérêt l'année suivante. Cela s'appelle *tirer les intérêts des intérêts* d'une somme prêtée.

173. Quelques exemples suffiront pour résoudre les questions qui se rapportent à cette règle.

I.er *Un capital de* 1200 *fr. a été placé pendant* 4 *ans, à raison de* 8 *pour* 100 *par an ; on demande quel est l'intérêt de cette somme ?*

SOLUTION. Puisque 100 francs rapportent 8^f par an, il est clair qu'il produiront 4 fois 8^f, ou 32^f, dans 4 ans. Représentant par x l'intérêt cherché, et observant que les intérêts doivent augmenter comme les capitaux, on a cette proportion :

$$100 : 1200 :: 32 : x; \quad \text{d'où } x = 384^f.$$

L'intérêt de 1200^f est donc de 384^f pour 4 ans ; de sorte qu'après ce temps il faut rendre au prêteur 1200 + 384 ou 1584^f.

REMARQUE. Dans cette opération, on a multiplié le taux de l'intérêt par le nombre des années et par le capital, puis divisé le résultat par 100; de manière qu'on peut conclure cette règle générale :

Pour trouver l'intérêt d'une somme quelconque, placée pendant plusieurs années à tel taux qu'on voudra, il suffit de multiplier le capital par le taux et le nombre des années, puis de diviser le produit par 100.

II.[e] *En combien de temps une somme de 3600 francs, placée à 5 pour $\frac{0}{0}$, produirait-elle 423 francs d'intérêt ?*

SOLUTION. 3600^f à 5 pour $\frac{0}{0}$ rapportant 180^f par an, suivant la règle précédente, autant de fois que 180^f seront compris dans l'intérêt 423^f qu'on veut avoir, autant d'années il faudra nécessairement laisser le capital 3600^f.

Or, le nombre 423, considéré comme des années, mois et jours, étant divisé par 180, donne pour quotient 2 ans 4 mois 6 jours ; ainsi, 3600^f devront rester placés pendant ce temps pour produire un bénéfice de 423 francs.

Pour résoudre toutes les questions de cette espèce, on peut donc suivre cette règle :

Cherchez ce que le capital donné rapporte par an, et divisez l'intérêt demandé par le résultat trouvé ; le quotient exprimera le temps qu'on veut trouver.

III.[e] *Un usurier a prêté 5000 francs à 8 pour $\frac{0}{0}$ pendant 3 ans, à condition que l'intérêt dû à la fin de chaque année se joindra au capital pour porter intérêt l'année suivante. Quelle est la somme qui sera due au créancier lors du remboursement ?*

SOLUTION. L'énoncé de cette question indique la marche qu'il faut suivre pour trouver la somme demandée.

D'abord on cherchera l'intérêt de 5000^f pour la 1.re année, par la proportion

$$100 : 5000 :: 8 : x,$$

de laquelle il résulte $\quad x = 400^f.$

On ajoutera ces 400^f au 1.er capital 5000^f, pour en former le nouveau capital 5400^f qui portera rente la 2.e année. Alors on posera la proportion

$$100 : 5400 :: 8 : x',$$

qui donne pour intérêt $\quad x' = 432^f.$

Le capital de la 3.e année sera donc composé de $5400 + 432 = 5832^f$, et rapportera une rente exprimée par le 4.e terme de la proportion

$$100 : 5832 :: 8 : x'' = 466^f,56^c.$$

Enfin, en ajoutant ces $466^f,56^c$ au capital précédent, on aura 5832 + $466^f,56^c$ ou $6298^f,56^c$ pour la somme qu'il faudra remettre au bout de la 3.e année.

REMARQUE. Si quelques mois se trouvaient joints aux années, on calculerait les intérêts d'un an de plus, puis on prendrait le *douzième* répété autant de fois qu'il y a de mois, pour en ajouter le produit au résultat qui a servi de capital dans la dernière opération, et cette somme serait celle qui conviendrait à la solution de la question.

Par exemple, supposons que, dans la dernière question, l'argent ait été placé pour 5 mois de plus.

La somme à rendre au bout de la 3.e année étant 6298f, 56c, on en calculera les intérêts pour une 4.e année, ou par la règle établie, ou par la proportion

$$100 : 6298^f,56^c :: 8 : x,$$

qui donne $x = 503^f,88.^c$

Le 12.e de 503f,88 pris 5 fois, ou 41f,99 × 5, produit 209f,65, intérêts de 5 mois, dont il faut augmenter les 6298f,56, pour composer 6508f,51c (*) qui seraient, dans la supposition faite, la somme à rembourser au créancier.

DE LA RÈGLE DE CHANGE.

174. La *Règle de change* n'est qu'une règle de trois simple, dont l'objet est de déterminer ce qu'il faut donner d'argent à un banquier, pour obtenir un *billet*, ou *lettre de change*, avec lequel on puisse toucher ou faire passer dans une ville ou place quelconque telle somme d'argent dont on a besoin.

175. Le change s'estime comme l'intérêt à tant pour 100 ; mais il varie de prix suivant les circonstances.

QUESTION I. *Un particulier voulant aller de Paris à Bordeaux, va trouver un banquier afin qu'il lui fasse toucher* 6000f *dans cette dernière ville ; quelle somme doit-il remettre au banquier, le change étant fixé à* 3f *pour* 100 ?

SOLUTION. On déterminera la somme dont il s'agit, en faisant cette règle de trois :

(*) L'augmentation considérable qu'acquièrent les capitaux ainsi abandonnés sans en tirer les intérêts pendant plusieurs années, a fait imaginer les *caisses d'épargne* destinées à recevoir et à rendre productives de petites valeurs dont le placement est toujours difficile.

Les caisses d'épargne sont spécialement établies en faveur de la classe peu aisée ; elles lui procurent l'occasion de faire fructifier ses économies en plaçant successivement, au fur et à mesure qu'elle peut en disposer, de petites sommes (1 franc même), qui, augmentées des intérêts cumulés, en produisent plus tard d'assez fortes, qui sont de véritables ressources pour l'avenir.

Ce moyen d'augmenter son aisance pour un âge plus avancé, est d'autant plus appréciable que souvent, après avoir péniblement amassé quelque argent, ne trouvant pas à le placer ou à le faire valoir immédiatement, il arrive qu'on le dépense ou le confie à des personnes qui ne peuvent le rendre, et qu'ainsi s'anéantit pour toujours le fruit de plusieurs années de travail.

D'un autre côté, si l'on considère le rapide accroissement que prend un capital placé à intérêts composés ou dans une caisse d'épargne (car, à 5 pour 100, il devient *double* en moins de 15 ans, *quadruple* en moins de 20 ans, 5 fois plus grand après 33 ans, etc.), on sentira combien il est avantageux de confier aux caisses d'épargne le superflu de ses besoins ou ses économies.

Si, pour avoir 100f à Bordeaux, on en demande 103 à Paris, combien faudrait-il donner pour y toucher 6000 francs?
laquelle répond à la proportion

$$100 : 103 :: 600 : x,$$

qui donne $x = 6180$;
c'est-à-dire qu'on sera obligé de verser 6180f, pour recevoir une lettre de change de 6000f net sur Bordeaux.

QUESTION II. *Un homme, qui est à Marseille, veut envoyer à Strasbourg une lettre de change de 680 francs; on la lui procure moyennant 2 pour 100. Que doit-il donner pour le change?*

SOLUTION. Calculant le dernier terme de la proportion

$$100 : 680 :: 2 : x,$$

on trouve $x = 13^f,6^d$;
ainsi, le change lui coûtera 13f,6d. Ces 13f,6d + 680 ou 693f,6d sont donc la somme totale à remettre pour obtenir un effet de 680f net sur Strasbourg.

DE LA RÈGLE D'ESCOMPTE.

176. La *Règle d'escompte* a pour objet de déterminer la valeur à laquelle se réduit un billet dont on propose l'acquit avant l'échéance.

177. On prend l'escompte *en dedans* ou *en dehors*.

L'escompte est *en dedans*, quand pour une somme de 100f qu'on prête aujourd'hui, on fait un billet de 105 ou 106f, payable au bout de l'année; dans ce cas, la valeur du billet de 105 ou 106f à un an de terme, se réduit à 100f payable sur-le-champ.

Dans l'escompte *en dehors*, on commence par prélever l'intérêt sur la somme prêtée, ne donnant réellement que le principal diminué de son intérêt annuel; comme si quelqu'un, par exemple, prêtait 100f à 5 pour $\frac{0}{0}$, et qu'il ne donnât que 100—5 ou 95f à l'emprunteur, exigeant de celui-ci un billet de 100f. Alors il est évident que le débiteur paie au bout de l'année l'*intérêt de l'intérêt* de la somme qu'il a reçue.

178. Le taux annuel de l'escompte est ordinairement de 6 p. $\frac{0}{0}$.

QUESTION I. *Un négociant a acheté pour 2597f de marchandises, à un an de terme; le vendeur lui offre une diminution d'escompte à 6 pour 100, s'il veut payer comptant; combien le négociant doit-il donner alors pour s'acquitter?*

SOLUTION. On trouvera évidemment la valeur actuelle de son billet en résolvant cette règle de trois:

Si 106f, payables dans un an, se réduisent présentement à 100f, à combien doivent se réduire 2597 francs?

Soit donc x ce qu'on cherche, on aura la proportion

$$106 : 100 :: 2597 : x,$$

d'où $x = 2450^f$.

Le négociant s'acquittera en donnant seulement 2450f au lieu de 2597f, s'il consent à payer sur-le-champ.

REMARQUE. Si l'acquéreur avait demandé que l'escompte fût pris en dehors, alors la question aurait conduit à cette proportion:

$$100 : 94 :: 2597 : x,$$

de laquelle il résulte $x = 2441^f,18.^c$

Cette valeur étant plus petite que celle obtenue précédemment, fait concevoir que l'intérêt est plus considérable dans le cas actuel que dans le premier. L'escompte en dehors est donc plus profitable au créancier qu'au débiteur qui ne peut payer qu'au terme du billet ; aussi alors doit-il préférer l'autre.

QUESTION II. *Un marchand achète pour 2650 francs de différens draps, à un an de crédit, en se réservant l'escompte à 6 pour 100, s'il vient à payer avant la fin de l'année ; il veut se libérer au bout de 7 mois ; on demande à combien doit se réduire la valeur du billet qu'il a souscrit ?*

SOLUTION. Pour résoudre cette question, on cherche d'abord le taux de l'escompte pour 7 mois par la règle de trois suivante :

Si pour un an, ou 12 mois, l'escompte est fixé à 6f pour 100, que vaudra-t-il pour 7 mois ?

c'est-à-dire en établissant la proportion

$$12 : 7 :: 6 : x,$$

qui détermine

$$x = 3^{f},5.^{d}$$

A présent qu'on sait que le taux de l'escompte n'est plus qu'à $3^{f},5^{d}$ au lieu d'être à 6^{f}, il devient facile de trouver ce que vaut le billet à la fin du 7.e mois, ou au commencement du 8.e, en posant cette nouvelle question :

Si 106 francs, payables dans un an, se réduisent à 103^{f}, 5^{d} *lorsqu'on paie au bout de 7 mois, à combien 2650 francs se réduiront-ils dans les mêmes circonstances ?*

Représentant par x la valeur cherchée, on aura

$$106 : 103,5 :: 2650 : x',$$

proportion de laquelle on tire

$$x' = 2587^{f},5.$$

Ainsi, le billet se réduit à $2587^{f}5^{d}$, payables à la fin du 7.e mois.

LEÇON XXII.e

DE LA RÈGLE DE SOCIÉTÉ.

179. On nomme *Règle de société* ou de *partage* une opération par laquelle on divise un nombre connu en parties proportionnelles à d'autres nombres donnés.

Elle a reçu ce nom, parce qu'on l'emploie très-souvent dans le commerce pour répartir entre plusieurs personnes associées le *gain* ou la *perte* résultant de leur entreprise commune, de manière que la part de chacun soit proportionnelle à sa mise, si toutes ont été employées le même temps, et au produit de la mise par le temps, si la durée de leur emploi n'a pas été égale pour toutes.

180. Cette considération de temps et autres circonstances qui peuvent se présenter, ont donné lieu à distinguer deux sortes de règles de société, l'une *simple*, et l'autre *composée*.

RÈGLE DE SOCIÉTÉ SIMPLE.

181. La règle de société est *simple*, quand les parts ne

dépendent que de la grandeur des mises ou des nombres proportionnels donnés, comme dans cette question :

Trois marchands se sont réunis pour une entreprise dans laquelle ils ont fourni, le 1.er 400f, le 2.e 630f et le 3.e 750f. Au bout d'un an, ils ont fait un bénéfice de 534f; on demande ce qui revient à chacun?

Ici, le temps est le même pour toutes les mises; par conséquent chaque part du gain doit être proportionnelle à sa mise correspondante; et comme le rapport de la somme des mises 1780f au bénéfice 534f qu'elle a produit, doit évidemment égaler le rapport d'une mise particulière à sa part relative du gain; en désignant les trois parts cherchées par x, y, z, pour les trouver, on aura les proportions

$$1780 : 534 :: 400 : x = \frac{534 \times 400}{1780} = 120^{f}$$
$$1780 : 534 :: 630 : y = \frac{534 \times 630}{1780} = 189$$
$$1780 : 534 :: 750 : z = \frac{534 \times 750}{1780} = 225$$

$$534^{f}$$

Ainsi, il revient 120f au 1.er marchand, 189f au 2.e, et 225f au 3.e

REMARQUE. On vérifie une règle de société en faisant la somme des résultats trouvés; si l'on a bien opéré, elle doit représenter le nombre à partager, comme on l'a obtenu ci-dessus.

182. En considérant la composition de la valeur des inconnues x, y, z, on voit quelles opérations lient entre eux les nombres connus qui les déterminent, et on en conclut cette règle générale :

Pour avoir une part quelconque, il faut multiplier le bénéfice ou la somme à partager (*), par la mise ou le nombre proportionnel qui correspond à cette part, et diviser le produit par la totalité des mises ou celle des nombres proportionnels.

Le problème suivant servira d'application à cette règle.

Les mises de trois associés étaient 800f, 1500f *et* 900f; *ils ont perdu* 400f; *quelle perte chacun supportera-t-il?*

SOLUTION. On conçoit que chaque sociétaire perdra précisément autant qu'il aurait gagné si la perte eût été un bénéfice. Ainsi, exprimant par x, y, z, leurs pertes respectives, comme elles doivent être en rapport avec les mises 800f, 1500f et 900f, ou les nombres 8, 15 et 9, dont la somme égale 32, en les calculant on trouvera

$$x = 100^{f},\quad y = 187^{f}5^{d} \quad \text{et} \quad z = 112^{f},5^{d}.$$

RÈGLE DE SOCIÉTÉ COMPOSÉE.

183. La règle de société est composée, lorsque les parts ne dépendent pas seulement de la grandeur des mises, mais bien

(*) Dans le commerce, la somme à partager prend le nom de *dividende*, et chaque part celui de *quotient*; selon que cette somme est un bénéfice ou une perte, le dividende et le quotient sont *positifs* ou *négatifs*. Enfin, on appelle *capital*, la mise totale, et *action* chaque mise particulière.

encore du temps pendant lequel elles ont été employées et d'autres circonstances qui font rapporter chaque part à plusieurs nombres proportionnels, toujours donnés par l'énoncé du problème.

184. Pour la résoudre, *on ramène à un seul tous les nombres proportionnels correspondans à la même part, en les combinant convenablement deux à deux; ce qui change la question en une règle de société simple dont il est facile de trouver la solution.*

185. Quelques applications suffiront pour bien comprendre ce qui précède.

QUESTION I. *Trois négocians se sont réunis pour une spéculation commerciale : le 1.er a mis 3000f pendant 5 ans, le 2.e 8000f pendant 2 ans, et le 3.e 4000f pendant 6 ans, temps après lequel la société s'est dissoute avec un bénéfice de 13200f. On demande le gain de chaque négociant?*

SOLUTION. On ramènera cette question à une règle de société simple en rapportant toutes les mises à un même temps. Pour cela, on observe que 3000f employés l'espace de 5 ans, doivent produire autant de profit que 5 fois 3000f ou 15000f qui auraient servi une seule année; par la même raison les 8000f employés 2 ans et les 4000f pendant 6 ans, produiront autant que 2 fois 8000f ou 16000f et 6 fois 4000 ou 24000f conservés une seule année. La question correspond donc à celle-ci :

Trois négocians ont placé pour un an, le 1.er 15000f, le 2.e 16000f et le 3.e 24000f; ils ont gagné 13200f; à quelle part chacun a-t-il droit?

Alors plus de difficulté, en désignant par x, y, z, ce qui revient respectivement à chacun, et se rappelant la règle du n.° 351, on trouvera

$$x = 3600^f,\quad y = 3840^f,\quad z = 5760^f.$$

Donc le 1.er négociant doit recevoir 3600f, le 2.e 3840f, et le 3.e 5760f.

QUESTION II. *Quatre voituriers se sont engagés à transporter des marchandises en différentes villes pour une somme de 2800f. Le 1.er a conduit 240 kilogrammes à 12 lieues, le 2.e 8K.G. à 20 lieues, le 3.e 428K.G. à 15l, et le 4.e 600K.G. à 5 lieues; on sait de plus que la difficulté des chemins est exprimée respectivement par les nombres 2, 3, 5 et 4, et que le 2.e voiturier, qui a fait le marché, doit prélever 100f avant le partage. On propose de déterminer ce qu'il revient à chacun.*

SOLUTION. On voit dans cette question que les parts dépendent de trois circonstances différentes qu'il faut réduire à une seule. Or, il est clair que le transport de 240K.G. à 12 lieues vaut autant que celui de 240K.G. × 12 ou 2880K.G. à 1 lieue, et qu'on ramènera à l'unité la difficulté du chemin qui est représenté par 2, en supposant la conduite de 2880K.G. × 2 ou 5760K.G. à 1 lieue; ainsi le nombre proportionnel correspondant à la part du 1.er voiturier est 5760. Raisonnant de même pour obtenir les trois autres, on trouvera qu'ils sont respectivement 4800, 32100 et 12000. Enfin, retranchant de la somme à partager les 100f appartenant au second voiturier, selon la convention établie, ce qui la réduit à 2733f, la question se change alors en cette règle de société simple :

Quatre voituriers ont conduit à leur destination pour 2733f, le 1.er 5760k.g. de marchandises, le 2.e 4800k.g., le 3.e 32100k.g., et le 4.e 12000k.g. On demande combien il revient à chacun ?

Maintenant, si l'on représente par x, y, z et v, les parts cherchées, en calculant leurs valeurs on obtiendra

$$x = 283, \quad y = 240, \quad z = 1605, \quad v = 600\,;$$

de manière que le 1.er voiturier touchera 283f, le second 240 + 100 ou 340f, le 3.e 1605f, et le 4.e 600f.

QUESTION III. *Un particulier commence une entreprise avec 12000 francs ; 8 mois plus tard, voulant l'étendre, il y intéresse un capitaliste qui lui remet 20000f, et 10 mois après ce premier emprunt, un second capitaliste lui prête 30000f auxquels, 3 mois ensuite, il vient ajouter 6000f. Au bout de 2 ans l'entreprise a rapporté un bénéfice de 50000f ; il est d'ailleurs convenu que le particulier, qui seul conduit les affaires, aura* UNE PRIME *de 4 pour 100 sur la totalité du bénéfice, outre la part qui lui revient comme aux autres capitalistes, proportionnellement aux fonds qu'il a employés et au temps qu'il les a fait valoir. On demande quelle est la part de chaque associé ?*

SOLUTION. Le particulier, pour prix de son travail, devant prélever d'abord 4 pour 100 du bénéfice total, retira une somme de 2000f.

Il ne reste donc plus que 48000f à partager entre les trois sociétaires.

Mais, 1.° les 12000f du particulier, employés pendant 2 ans ou 24 mois, reviennent à 12000 × 24 ou 288000f placés pour 1 mois.

2.° Les 20000f du 1.er capitaliste, ayant été 24 — 8 ou 16 mois dans la société, reviennent à 20000 × 16 ou 320000f placés pour un seul mois.

3.° Enfin, les 30000f du 2.e capitaliste, employés durant 24 — 8 — 10 ou 6 mois, et les 6000f qu'il y joint pour 24 — 8 — 10 — 3 ou 3 mois, équivalent ensemble à 30000 × 6 + 6000 × 3 ou 180000 + 18000 = 198000f placés pendant 1 mois.

Cela posé, la question revient évidemment à diviser 48000f proportionnellement aux nombres 288000, 320000 et 198000, ou plus simplement à ceux-ci 288, 320 et 198.

Ainsi, en exprimant les trois parts correspondantes par x, y et z, leurs valeurs seront

$$x = 17151^f,36\,; \quad y = 19057^f,08\,; \quad z = 11791^f,56.$$

Ajoutant à la 1.re part la *prime* de 2000f, il vient 19151f,36c pour le bénéfice du particulier, celui du 1.er capitaliste étant de 19057f,08c et celui du 2.e 11791f,56c.

REMARQUE. S'il arrivait qu'on prît pour inconnues les mises, ou les temps, ou les nombres proportionnels, les autres quantités étant données, on se conduirait toujours comme dans les exemples ci-dessus pour amener ces questions à des règles de société simples.

QUESTIONS A RÉSOUDRE.

I. Il a fallu 12 mesures de blé pour ensemencer un champ de 9 arpens ; combien devra-t-on employer de semence pour cultiver une pièce de terre contenant 30 arpens ?

II. Un marchand possède 40 chevaux et assez de foin pour en donner à chacun une $\frac{1}{2}$ botte ou 10 livres par jour, pendant 4 mois; mais il achète 20 autres chevaux sans augmenter sa provision de foin, et il veut que celle-ci dure 3 mois. Quelle doit être la ration de chaque cheval par jour?

III. Pendant combien de temps faudra-t-il laisser placée une somme de 3000f à 6 pour $\frac{0}{0}$, pour qu'elle produise 675 francs d'intérêt?

IV. Quelle sera la valeur de 24 francs placés à 5 pour $\frac{0}{0}$, à intérêt composé, après une espace de 10 ans?

V. Un marchand ayant acheté pour 1200 francs de vin, veut se libérer 5 mois plus tard: il s'était réservé l'escompte à 6 pour $\frac{0}{0}$; on demande à combien doit se réduire sa dette?

VI. Une personne élève un commerce dans lequel elle met 3000 francs; 4 mois après, elle prend un associé qui fournit 2000 francs, et 2 mois plus tard encore, elle en prend un second qui apporte 5000 francs: au bout de l'année, il se trouve un bénéfice de 920 francs. Que doit-il revenir à chaque associé?

VII. On veut répartir entre trois communes une contribution extraordinaire de 3750 francs, proportionnellement à leur population; la 1.re renferme 480 habitans, la 2.e 526, et la 3.e 869; quel est l'impôt que chaque commune paiera?

VIII. Partager 1500 francs en quatre parties proportionnelles aux nombres 4, 6, 5 et 16.

IX. Trois négocians ont fait une société dans laquelle le 1.er a mis 12000 francs pour 2 ans, le 2.e 8000 pour 4 ans, et le 3.e 5000 pour 6 ans, temps que devait durer l'entreprise. On demande ce qu'il revient à chacun du bénéfice qui s'élève à 18000 francs.

X. Un bâtiment a été construit par trois entrepreneurs qui y ont employé, le 1.er 20 ouvriers pendant 40 jours, le 2.e 30 ouvriers pendant 12 jours, et le 3.e 60 ouvriers durant 10 jours. Un contre-maître doit être payé à raison de 5 fr. par jour pendant 25 jours; le prix convenu était de 48000 fr., plus 12000 francs de matériaux fournis par le 1.er entrepreneur: on demande ce qu'il faut payer à chaque entrepreneur.

FIN.

TABLE DES MATIÈRES.

Nota. *Les chiffres romains indiquent les pages, et les chiffres arabes les numéros.*

FIN DE LA TABLE.

6

www.ingramcontent.com/pod-product-compliance
Ingram Content Group UK Ltd.
Pitfield, Milton Keynes, MK11 3LW, UK
UKHW031053260726
13965UKWH00006B/1356